本科规划教材

数字系统实验
（综合设计篇）

SHUZI XITONG SHIYAN
（ZONGHE SHEJIPIAN）

主　编　李庆嵘
副主编　李　雷　陈　瑜

电子科技大学出版社
University of Electronic Science and Technology of China Press
·成都·

图书在版编目（CIP）数据

数字系统实验. 综合设计篇 / 李庆嵘主编. — 成都：电子科技大学出版社，2021.12（2025.7 重印）
ISBN 978-7-5647-9490-3

Ⅰ. ①数… Ⅱ. ①李… Ⅲ. ①数字系统－实验 Ⅳ. ①TP271-33

中国版本图书馆 CIP 数据核字（2022）第 016746 号

数字系统实验（综合设计篇）
SHUZI XITONG SHIYAN（ZONGHE SHEJIPIAN）

李庆嵘　主编

策划编辑　罗　雅　唐祖琴
责任编辑　唐祖琴
责任印制　段晓静

出版发行　电子科技大学出版社
成都市一环路东一段 159 号电子信息产业大厦九楼　邮编 610051
主　　页　www.uestcp.com.cn
服务电话　028-83203399
邮购电话　028-83201495

印　　刷　成都市火炬印务有限公司
成品尺寸　185mm×260mm
印　　张　10
字　　数　220 千字
版　　次　2021 年 12 月第 1 版
印　　次　2025 年 7 月第 3 次印刷
书　　号　ISBN 978-7-5647-9490-3
定　　价　40.00 元

前言

FOREWORD

本书作为电子科技大学国家级实验教学示范中心的系列教材之一，在电子技术系列实验教材中具有承上启下的作用。本书以电子技术基础实验为前提，以电路为研究对象，将常用电路模块结合电子技术基础实验中的单元模块构成小型系统并具有一定的功能。本书注重各功能电路之间的连接关系，在电路应用的基础上增加了带有设计性的趣味实验内容，并将实验技能、测试方法和实验素养的培养贯穿于实验教材之中。在教材内容的设计上，本书既重视对基础理论知识的讲解，又强调对知识的灵活应用技巧，为学生逐步提高电路应用能力、设计能力和独立思考能力提供了实验方法与设计指导。

本套教材共分为两册。第一册为《数字系统实验（基础篇）》，该书以数字逻辑原理和低频模拟电路作为理论基础，包含了数字逻辑电路的基本单元电路实验、模拟电路中具有应用性的单元电路实验、数字逻辑中基础性的EDA实验，是学生进行电子技术应用实验的基础。第二册为《数字系统实验（综合设计篇）》，该书内容以数字逻辑原理、低频模拟电路、FPGA作为理论基础，在单元功能模块电路的基础上，实现数字及模拟电路的综合实验和基于Verilog的FPGA实验。

本书为第二册，在内容上既可以与第一册内容相辅相成、循序渐进，又可以作为数字系统实验教材独立使用。本书可作为高等院校电子类专业中、高年级学生的实验教材，也可作为电子技术应用爱好者的参考用书。

本书在编写上突出实验教材特点，强调提出问题与解决问题的思路，适当简化了理论知识的叙述，增强了设计思路与实验技能方面的引导。

本书的编写特点如下。

1. 本书采用“总分总”的方式，从整体构成到各个分模块的实现，再从各分模块的EDA设计到整体实现。

2. 在硬件实验部分设置了预习思考题，采用问题驱动的编写方法，通过预习问题使学生产生疑问并自主思考，对于学生理解实验目的和总结实验结论大有帮助，也能够更好地激发学生的实验兴趣。

3. 在部分实验中，作者根据多年的教学经验给出了部分“实验中的常见问题及解决方法”，从提出问题到解决方法，逐步引导学生减少实验中易出错的概率，掌握正确的实验技能和分析问题、解决问题的方法，为更好地独立完成实验提供了有力的帮助。

4. 设计性实验部分提出了实验任务，给出了设计方案，并举出设计实例。在基础实验的带动下，学生可通过独立思考来完成设计，扩展了学生学习的知识面与动手能力培养的途径，也为学生课后的设计与制作提供了参考。

5. 本书对电子设计中常用的仪器进行了原理分析与详细的使用说明，使学生不仅掌握仪器的使用而且了解仪器的组成原理，对于今后的电路设计与测试大有帮助。

6. 本书的第2章及第3章作为电子技术应用实验的核心内容，配备了设计精美、功能完善的实验电路板和FPGA开发板，节约了学生在实验中搭接基本电路的时间，使学生将更多精力集中于电路功能的实现与各个功能电路之间的连接关系，为实现更大规模的电路设计打好基础。

7. 本书第2章及第3章的基础实验环环相扣，虽然每次都有新实验内容，每次都有新的设计性实验，但每个实验原理之间又相互联系与交汇。本书的编写方法保证了可将每个基础实验教程作为2学时实验教程，划分合理，可达到较好的实验教学目的。

本书突出实验教程的特点，以实验为主线，共分为4章，以适应不同专业、不同层次学生的实验教学要求。其内容安排如下。

第1章为常用电子仪器设备的使用，包括示波器、信号源等常用仪器的使用方法及使用注意事项。

第2章为数字系统应用实验，包括触发器应用、555常用电路、动态显示电路以及电子秒表等实验。

第3章为数字系统EDA设计实验，包括编码器、译码器、计数器、矩阵键盘、有限状态机设计等实验。

第4章为数字系统综合设计实验，包括课后可由学生自主完成的一些设计等。

电子科技大学电子科学与工程学院电子实验中心的数字系统实验室负责数字系统的实验教学，开设数字系统实验等课程。实验室通过团队协作，加强课程建设和实验室建设，教学团队开展经常性的教学研讨和教学观摩，交流教学经验，探讨教学中的问题和不足，共享教学资源。

本书由李庆嵘主编，副主编有李雷、陈瑜，参与本书编写工作的还有李春梅、陈英、孙可伟、王丁。感谢全体电子科技大学电子科学与工程学院电子实验中心教师在实验开发及教材编写中所做出的努力。感谢关心本书出版的领导和电子科技大学出版社的大力支持。

由于水平有限，我们编写的教材难免有错误和问题，恳请广大读者指正。

编　者

2021年12月

目录

CONTENTS

第1章 常用电子仪器设备的使用

1.1 数字示波器

数字示波器将输入的待测信号进行采样、量化、存储，再在存储器中取出量化值，然后将量化值转化为模拟量在屏幕上显示。在数字示波器中，信号的获得功能和显示功能是分开的，其性能和精度几乎取决于A/D转换器、半导体存储器、D/A转换器的性能。

下面以鼎阳SDS1000X系列示波器为例，介绍其使用方法。

数字示波器面板及接口介绍

一、示波器外观

鼎阳SDS1000X系列示波器前面板如图1.1所示，各功能区的划分说明见表1.1所列。

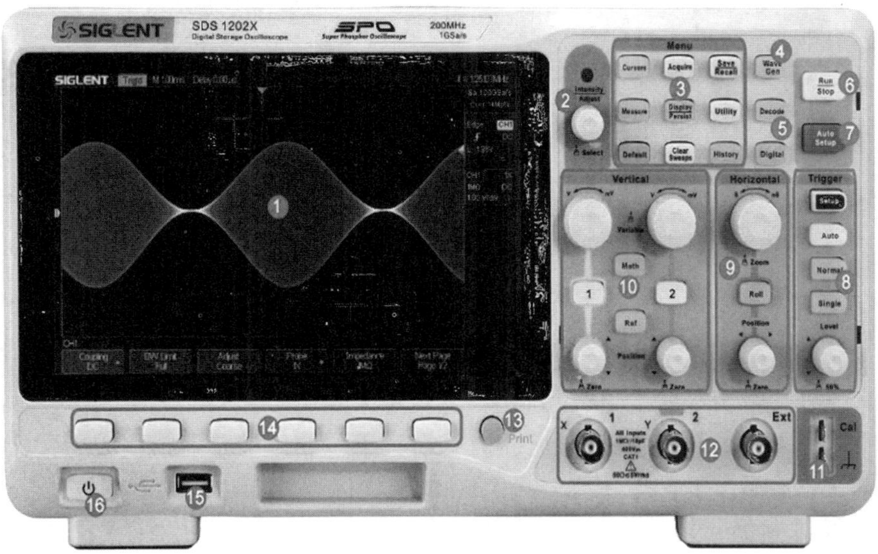

图1.1 鼎阳SDS1000X系列示波器前面板

表1.1 鼎阳SDS1000X系列示波器前面板功能区的划分说明

编号	说明	编号	说明
1	屏幕显示区	9	水平控制系统
2	多功能旋钮	10	垂直通道控制区
3	自动设置常用功能区	11	补偿信号输出端/接地端
4	内置信号源	12	模拟通道输入端
5	解码功能选件	13	打印键
6	停止/运行	14	菜单软键
7	自动设置	15	USB Host端口
8	触发控制系统	16	电源软开关

注意:这款示波器关机时需要长按电源开关按键。

鼎阳SDS1000X系列示波器显示界面如图1.2所示。

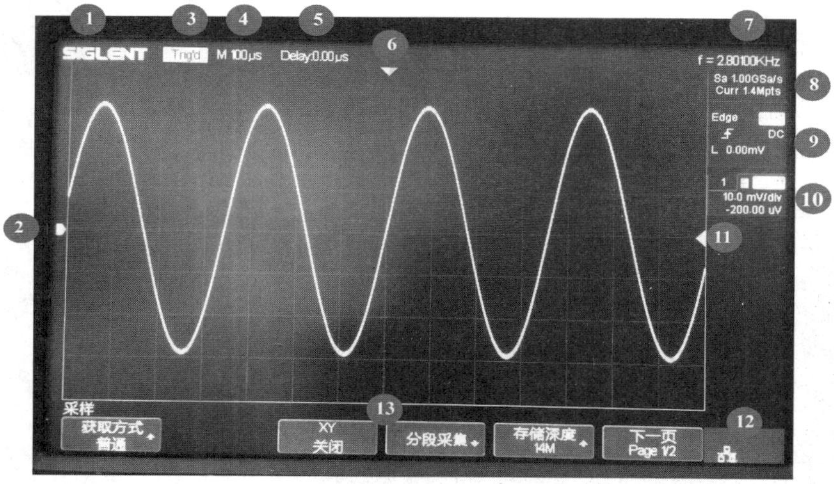

图1.2 鼎阳SDS1000X系列示波器显示界面

号码①对应部分显示的是产品商标。

号码②对应部分显示的是通道标记。箭头指示的位置是通道0 V显示对应的位置。在箭头上有数字1或2，代表的是CH1的通道标志或CH2的通道标志。

号码③对应部分显示的是运行状态。可能的状态包括Arm（采集预触发数据）、Ready（等待触发）、Trig'd（已触发）、Stop（停止采集）、Auto（自动）。

号码④对应部分显示的是水平时基。表示屏幕水平轴上每格所代表的时间长度。使用水平挡位旋钮可以修改该参数，设置范围为2 ns/div～50 s/div。

号码⑤对应部分显示的是触发位移的偏移值。使用水平Position旋钮可以修改该参数。按下按钮参数自动被设定为0，且箭头回到屏幕正中央。

号码⑥对应部分显示的倒三角指示了当前的屏幕中波形的触发位置。

号码⑦对应部分显示的是当前触发通道波形的频率值。

号码⑧对应部分显示的是示波器当前使用的采样率及存储深度。使用水平挡位旋钮可以修改该采样率、存储深度。

号码⑨对应部分显示的是当前的触发设置。包括触发类型的英文标识和图形符号、触发源、触发源耦合方式、触发电平值。

例如，在图1.2中，触发类型为上升沿触发，触发源为CH1，触发耦合方式为DC，触发电平为0.00 m V。

号码⑩对应部分显示的是垂直通道设置。包括通道号、带宽限制（若当前带宽为开启状态，则显示B标志；若全带宽显示，则无标志）、探头衰减系数、当前通道开启的输入阻抗（1 MΩ或50 Ω）、通道耦合方式、电压挡位（垂直偏转系数）。

号码⑪对应部分显示的是触发电平的位置。它是一个向左的箭头，箭头所指的是当前触发通道的触发电平在屏幕上的位置。按下Level旋钮使电平自动回到触发源波形中心位置。

号码⑫对应部分显示的是接口状态，可以显示USB设备和网口设备的连接情况。

号码⑬对应部分是菜单区，显示示波器当前所选功能模块对应的菜单。

二、示波器操作

（一）基本功能检查

首次使用某一台示波器时，要进行此项调节。对于鼎阳SDS1000X系列示波器而言，操作步骤如下。

校准方波的测试

1. 按“Default”按键将示波器恢复为默认设置。

2. 如图1.3所示，将探头的接地鳄鱼夹与探头补偿信号输出端下面的“接地端”相连，将探针与探头补偿信号输出端相连。

3. 由于鼎阳SDS1000X系列示波器默认设置只显示CH1，如果需要两个通道同时检查，需要手动将CH2通道选中（按“CH2”按键，将其点亮）。

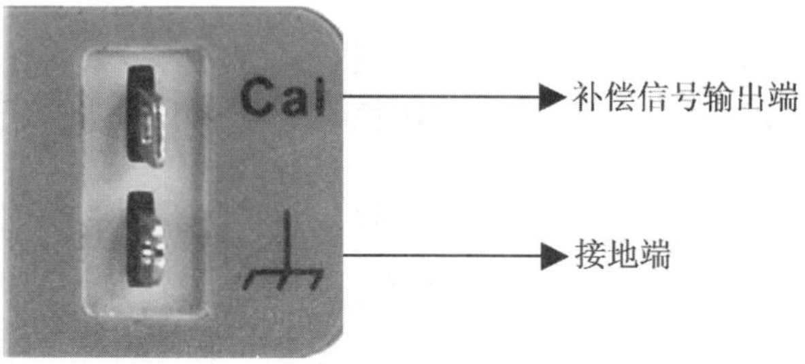

图1.3　示波器补偿信号输出端

4. 按“Auto Setup”键，几秒钟内，可见到幅度为3 V、频率为1 kHz的方波显示。

5. 检查所显示的波形形状并与图1.4对比，用非金属手柄的改锥调整探头上的可变电容，直到屏幕显示的波形如图1.4中的“补偿适当”。

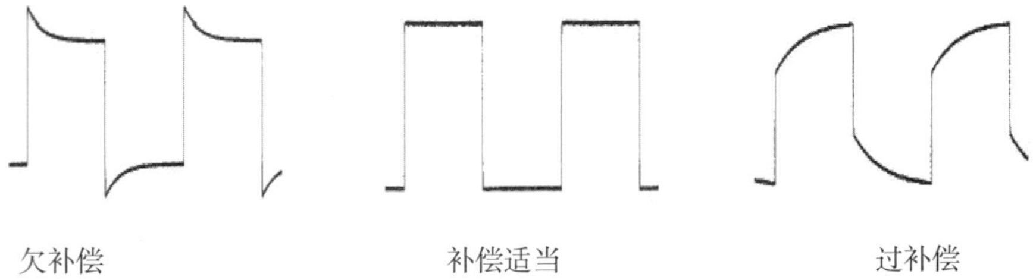

图1.4　示波器探头补偿调节

（二）波形显示的自动设置

鼎阳SDS1000X系列示波器具有自动设置功能。使用自动设置功能时，首先将被测信号连接到信号输入通道，再按下“Auto Setup”按键，示波器将根据输入信号自动调整垂直挡位、水平时基及触发方式，使波形以最佳方式显示。

（三）设置垂直系统

如图1.5所示，在垂直控制区（Vertical）有一系列的按键、旋钮。

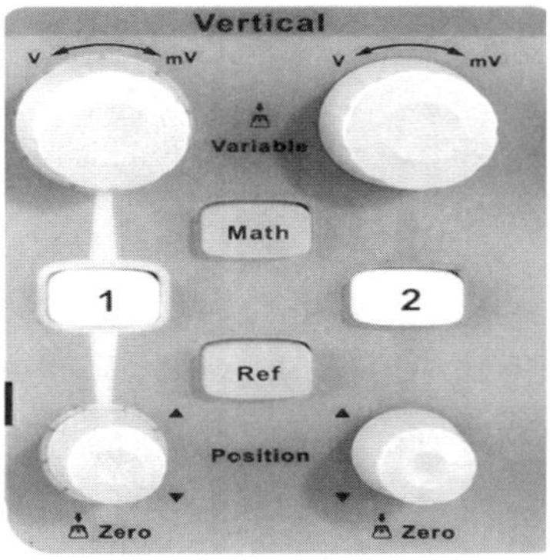

示波器垂直系统的正确设置

图1.5　垂直控制系统

1. 垂直通道旋钮及按键的应用

（1）垂直Position旋钮控制信号的垂直显示位置。当转动垂直Position旋钮时，指示通道接地位置的通道标志跟随波形上下移动。按下该旋钮可将通道标志设置到屏幕中央。

（2）转动垂直挡位旋钮可以改变当前通道的垂直偏转系数“V/div”（伏/格），修改过程中波形在显示屏上被垂直拉伸或压缩，同时屏幕右方状态栏对应通道的垂直偏转系数显示会相应地变化。按下该按钮可快速将垂直挡位调节方式切换为“粗调”或“细调”。

（3）按“1”“2”“Math”“Ref”按键，屏幕会显示对应通道的操作菜单、标志、波形和挡位状态信息。在当前通道被选中时，再次按下该按键将关闭当前选择的通道。

2. 通道的设置

每个通道有独立的垂直菜单。每个项目都按不同的通道单独设置。按1或2按键，系统显示CH1或CH2通道的操作菜单，如图1.6所示。垂直通道设置菜单的说明见表1.2所列。

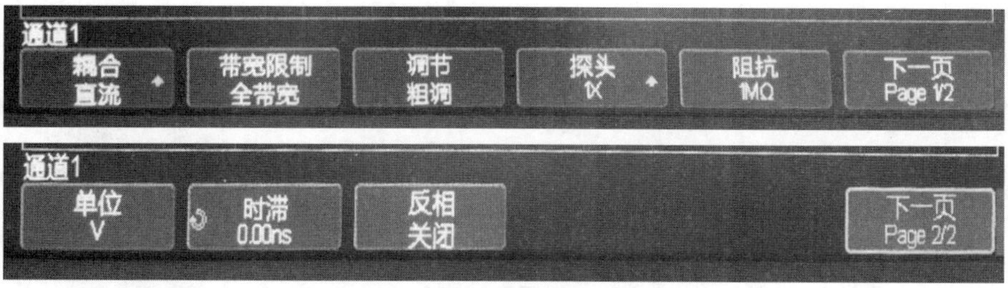

图1.6　垂直通道设置菜单

表1.2　垂直通道设置菜单的说明

功能菜单	设定	说明
耦合	直流	通过输入信号的交流和直流成分
	交流	阻挡输入信号的直流成分
	接地	断开输入信号
带宽限制	20 M	限制带宽至20 MHz,以减少显示噪声
	全带宽	满带宽
调节	粗调	按1—2—5进制设定垂直偏转系数,如10 V/div、5 V/div、2 V/div……
	细调	在粗调设置范围内进一步细分,以改善垂直分辨率,如2 V/div、1.98 V/div、1.96 V/div
探头	0.1× 0.2× …… 10 000×	根据探头衰减系数选取其中一个值,以保持垂直偏转系数的读数正确。共16种,探头比默认值为1×
阻抗	1 MΩ	适用于许多无源探头,可进行通用测量,高阻抗可在被测设备上使示波器的负载效应最小化
	50 Ω	可与高频测量时常用的50 Ω电缆和50 Ω有源探头匹配。如果用无源探头但阻抗设置为50 Ω可能导致不能正常观测到波形
单位	V或A	根据测试内容选择不同的单位
时滞	0～100 ns	用于校正电流探头和电压探头之间的延迟差
反相	开	打开波形反相功能
	关	波形正常显示

3. 数学运算功能

数学运算（Math）功能是显示CH1、CH2通道波形相加、相减、相乘以及FFT

运算的结果。参考功能（Ref）可将实测波形与参考波形相比较，以判断电路的故障。

示波器水平系统的正确设置

（四）设置水平系统

如图 1.7 所示，在水平控制区（Horizontal）有一系列的按键、旋钮。

1. 调节水平位置

调节水平 Position 旋钮使波形水平移动，屏幕上方信息栏中将显示位移的时间（例如，Delay：–860 μs）。按下 Position 按钮可将位移恢复为 0。

2. 调节水平时基挡位

调节水平时基挡位旋钮使波形在水平方向显示被拉伸或压缩。设置水平挡位时，屏幕左上角显示的是挡位信息（例如，M500 μs）的实时变化。水平挡位的变换范围是 2 ns/div～50 s/div。

按下该按钮快速开启分屏缩放（Zoom）功能。

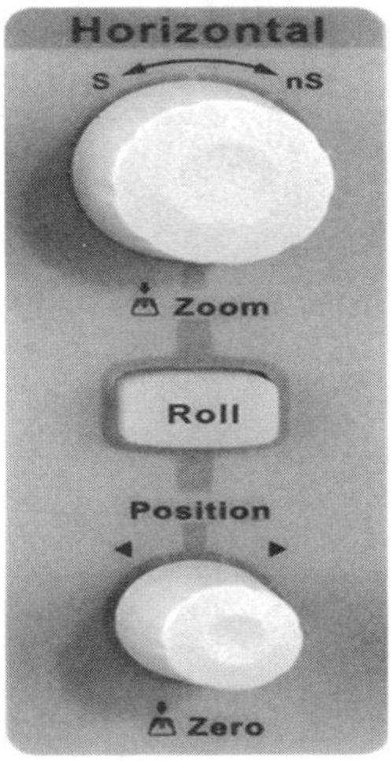

图 1.7　水平控制区

3. 滚动模式的设置

按下 Roll 按键进入滚动模式（也可将时基挡位调节至 50 ms 及以上，使时基进入滚动模式）。波形自右向左滚动刷新显示，波形水平位移和触发控制不起作用，水平挡位的调节范围是 50 ms～50 s。

4. 分屏缩放功能的设置

分屏缩放功能可用于对比观察一段波形的全貌和其中一段局部波形的细节。

按下示波器前面板的时基旋钮可打开分屏缩放功能，再次按下关闭该功能。分屏缩放模式下，屏幕被分成两个显示区域如图 1.8 所示。显示屏的上半部分显示主窗口视图，下半部分显示延迟窗口视图。

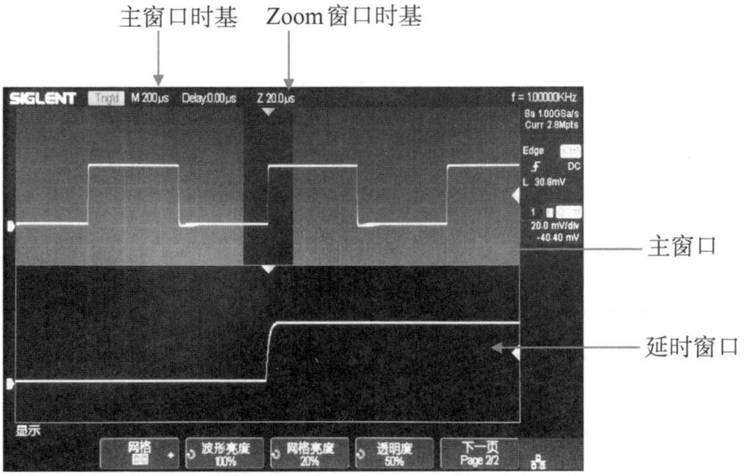

图 1.8　分屏缩放

（1）主窗口视图

屏幕上半部分未被半透明灰色覆盖的展开区域是放大前的波形。可通过旋转水平挡位旋钮控制该展开区域的大小。旋转水平Position旋钮可水平向左（向右）移动该区域。

（2）延迟窗口视图

屏幕下半部分是经过水平扩展后的波形。由于延迟窗口时基相对于主窗口时基提高了分辨率，故延迟窗口时基不论如何变化，应始终小于或等于主窗口。

（五）设置触发系统

触发决定了示波器何时开始采集数据和显示波形。若触发未被正确设定，它将不能稳定地显示实时的波形。鼎阳SDS1000X系列示波器在显示屏右侧的状态栏将显示出当前示波器的触发类型、触发源、触发耦合及触发电平值等信息。

如何使波形同步

1. 触发控制区面板旋钮及按键功能介绍

示波器操作面板的触发控制区如图1.9所示，它包括触发设置按键Setup，触发模式按键Auto、Normal、Single和触发电平调整旋钮Level。

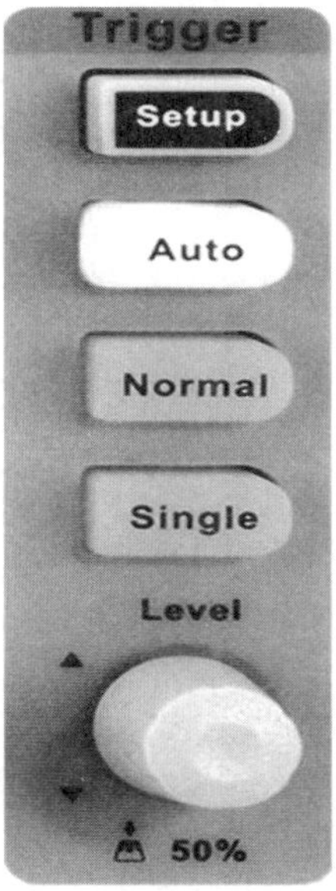

图1.9　触发控制区

◆ Level旋钮用于设置触发电平。按下该按钮可快速将触发电平恢复至对应通道波形中心位置。

◆ 按下Auto键切换触发模式为自动模式。

◆ 按下Normal键切换触发模式为正常模式。

◆ 按下Single键切换触发模式为单次模式。

◆ 按下Setup键打开触发功能菜单，其工作界面如图1.10所示。

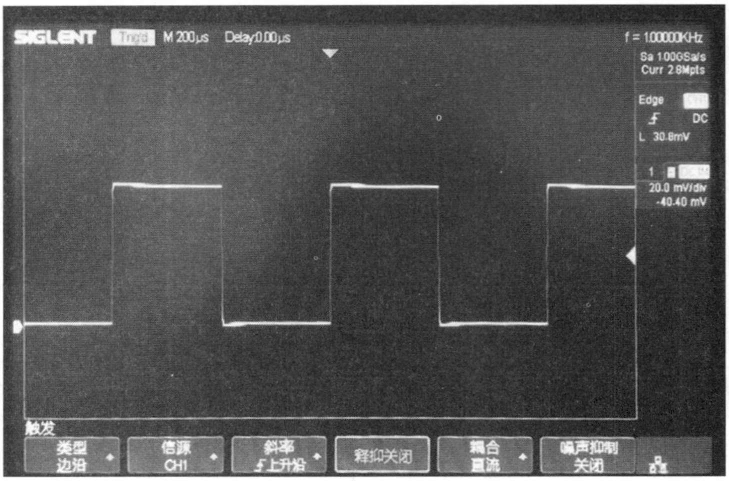

图1.10　触发设置界面

2. 边沿触发类型设置介绍

鼎阳SDS1000X系列示波器提供边沿、斜率、脉宽、视频、窗口、间隔、超时、欠幅、码型和串行总线（IIC/SPI/URAT/RS232）等多种的触发类型。此处只简单介绍边沿触发方式。在边沿触发类型下可以进行表1.3所示的设置。

表1.3　边沿触发设置说明

功能菜单	设定	说明
类型(触发方式)	边沿	边沿触发类型通过查找波形上的指定沿(上升沿、下降沿、上升&下降沿)和电压、电平来识别触发
信源选择	CH1	设置CH1作为信源触发信号
	CH2	设置CH2作为信源触发信号
	EXT	设置外触发输入通道作为信源触发信号
	EXT/5	设置外触发源除以5,扩展外触发电平范围
	市电	设置市电触发
斜率	上升	设置在信号上升边沿触发
	下降	设置在信号下降边沿触发
	上升下降	设置在信号上升边沿和下降边沿触发
触发释抑	释抑关闭	关闭释抑时间的调节功能
	释抑时间	通过调节释抑时间稳定触发复杂波形(详见下页)
触发耦合	直流	允许直流(DC)和交流信号(AC)进入触发路径
	交流	阻挡信号的直流成分并衰减低于5.8 Hz的信号
	高频抑制	抑制信号中高于1.27 MHz的高频成分
	低频抑制	阻挡信号的直流成分并抑制低于2.08 MHz的低频成分
噪声抑制	开启/关闭	开启该功能后,能减小触发信号中噪声触发的可能性,但同时会降低触发的灵敏度

3. 触发释抑

触发释抑可以稳定触发复杂波形（如脉冲系列）。释抑时间是指从触发之后到下一次重新启用触发电路之前示波器等待的时间。示波器在释抑结束前不会触发。

正确的释抑时间一般略小于波形的一次重复，将释抑设置为此时间，会为一个重复波形生成唯一的触发点。

例如，要在如图1.11所示的重复脉冲上获得稳定的触发，可将释抑时间（Holdoff）设置为200 ns～600 ns。

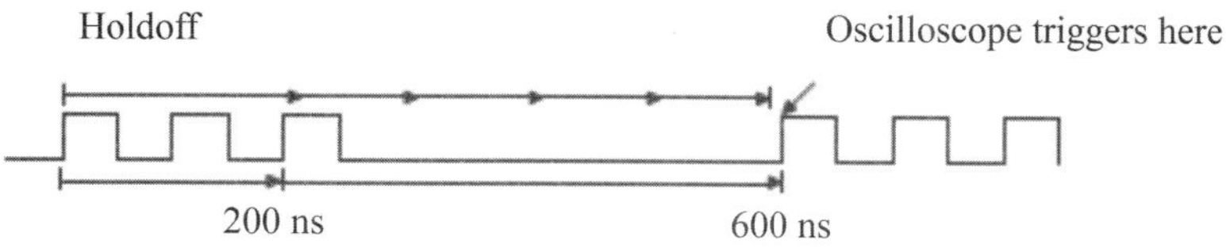

图1.11　抑释时间示意图

操作说明如下：

（1）按下触发控制区的“Setup”键；

（2）触发释抑设置键默认为释抑关闭，按“释抑关闭”按键将显示默认释抑时间为100 ns；

（3）旋动多功能旋钮（↻）改变释抑时间，直至所需设定的值。

（六）设置显示系统

如图1.12所示，在常用功能区正中的Display/Persist为显示系统的功能按键。按下该按键将显示两页菜单的功能，见表1.4所列。

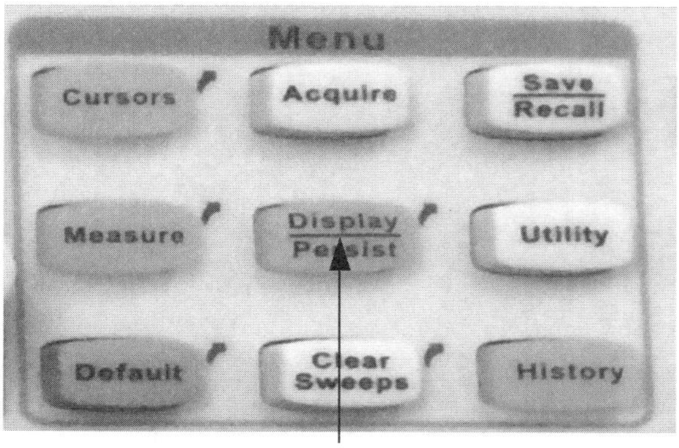

图1.12　显示功能按钮

表 1.4　显示设置菜单说明

功能菜单	设定	说明
显示类型	矢量显示	采样点之间通过连线的方式显示
	点显示	直接显示采样点
色温	开启/关闭	色温功能开启时采用颜色的变化来体现波形出现频率的大小。波形出现的频率越大,颜色越暖
余辉	关闭 可变余辉时间 无限	新的数据加入将刷新余辉时间前的数据。使用无限余辉示波器永不清除已采集的波形,可测量噪声和抖动,捕获偶发事件。余辉关闭时,屏幕波形以高刷新率更新
清除显示	—	清除当前屏幕所显示的波形,采集并显示新的波形
网格	—	根据实际需要选择所需网格类型
波形亮度	百分比值	通过调节多功能旋钮设置波形的亮度
网格亮度	百分比值	通过调节多功能旋钮设置网格的亮度
透明度	百分比值	通过调节多功能旋钮设置弹出菜单操作中信息显示框的透明程度

注意:显示类型包含矢量显示和点显示。在点显示模式下,若输入信号频率较高,而扫描速度较低时,会出现频率混叠的问题,即此时示波器显示波形就好像未同步的低频信号。为解决频率混叠的问题应采用矢量显示模式。

（七）自动测量

如图 1.13 所示，Measure 为自动测量功能按键。自动测量包括电压参数测量、时间参数测量和延迟参数测量。

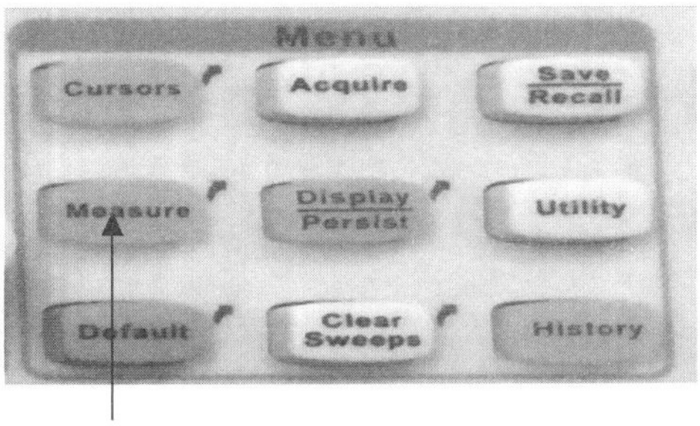

图 1.13　自动测量功能按钮

如何利用“自动测试”功能测量波形参数

按下“Measure”键，系统出现参数测量显示菜单，首次按下“Measure”键自动开启测量统计功能，如图 1.14 所示。

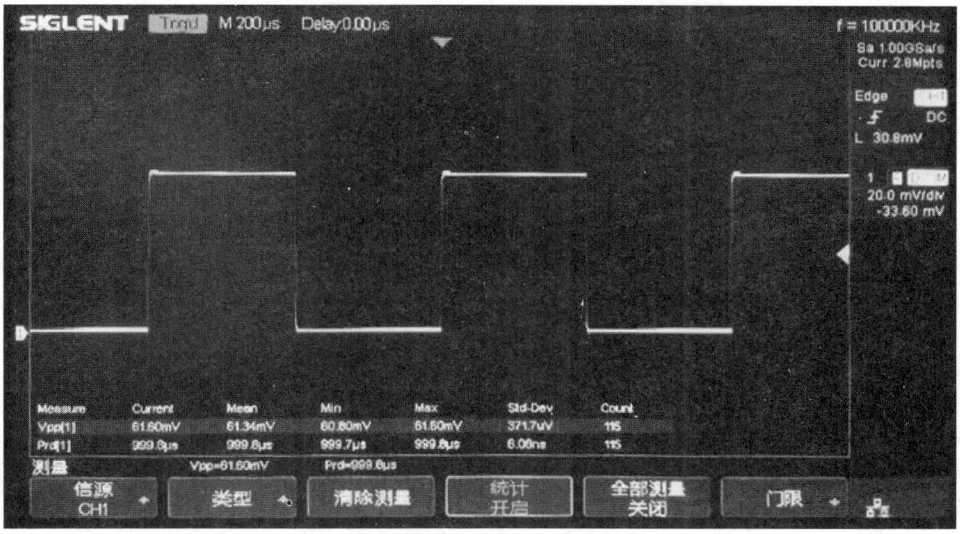

图1.14　自动测量显示界面

自动测量菜单各项功能见表1.5所列。

1. 自动测量基本操作步骤

（1）按下“Measure”键打开自动测量的菜单。

（2）按下信源软键，旋转多功能旋钮选择要测量波形的通道。

（3）选择并显示要测量的参数。

表1.5　自动测量功能菜单

功能菜单	设定	说明
信源	CH1/CH2/Math/Ref	确认被测信号源
类型	—	选择被测的参数
清除测量	—	按下清除测量软键可清除当前屏幕显示的所有测量参数
统计	开启/关闭	统计并显示最后打开的测量结果的当前值、平均值、最小值、最大值、标准差以及计数(进行测量的次数)
全部测量	开启/关闭	打开所有电压测量和时间测量参数并显示在屏幕上方
门限	开启/关闭	通过设置门限的上下限来进行区域测量

按下类型软键，将出现如图1.15所示的界面。旋转多功能旋钮可以左右移动光标，旋转触发电平旋钮可以上下移动光标选择要测量的参数。按下旋钮后，该参数被选中，其值显示在屏幕底部。若显示的数据为“*****”，表明在当前的设置下，此参数不可测量。

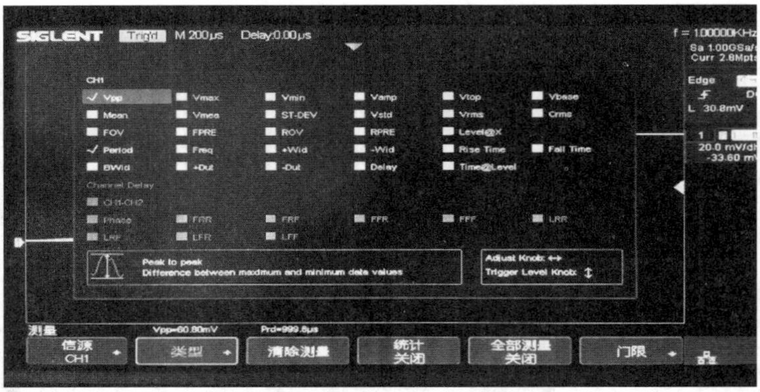

图1.15　测量参数的选择

值得注意的是：只有在CH1和CH2通道都被点亮时，才能进行延迟参数测量，否则这些参数将被灰化，不可能被选中（如图1.15所示）。延迟参数测量时，在CH1和CH2通道都被点亮的前提下，先选中CH1和CH2选项才能够选择具体的延迟参数。

2. 全部测量

全部测量可同时打开这款示波器自动测量时被测通道能测试的电压和时间参数，并全部显示在屏幕上方的信息显示框中。正确步骤如下：

（1）按“Measure”键打开自动测量的菜单；

（2）按下信源软键选择要测量的波形通道；

（3）按下全部测量键显示测量的结果。

3. 参数缩写含义说明（如图1.16所示）

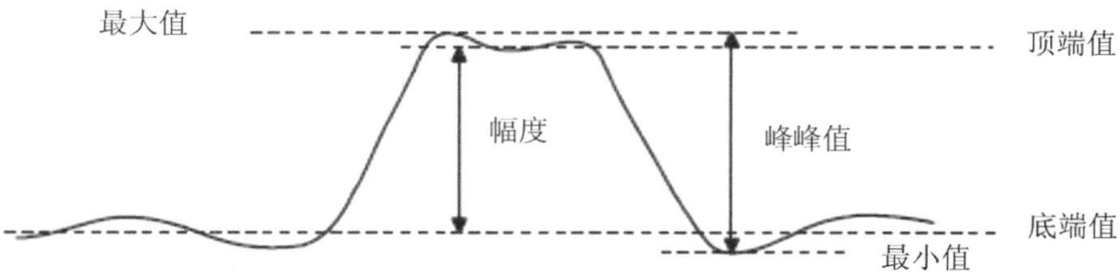

图1.16　基本电压参数示意

（1）电压测量

鼎阳SDS1000X系列示波器可以自动测量以下电压参数。

➢ 峰峰值 V_{pp}：最大值和最小值之间的差值。

➢ 最大值 V_{max}：波形最高点至GND（地）的电压值。

➢ 最小值 V_{min}：波形最低点至GND（地）的电压值。

➢ 幅值 V_{amp}：顶端值和低端值之间的差值。

➢ 顶端值 V_{top}：波形平顶至GND（地）的电压值。

➢ 底端值 V_{base}：波形平底至GND（地）的电压值。

➢ 周期平均值Mean：整个波形或选通区域上的算术平均值。

➢ 平均值Vmea：第一个周期内波形的算术平均值。

➢ 标准差ST-DEV：所有波形点电压的方差的算术平方根。

➢ 周期标准差V_{std}：第一个周期内所有波形点的标准差。

➢ 均方根V_{mea}：整个波形或选通区域上的均方根值。

➢ 周期均方根Crms：第一个周期内波形的均方根值。

➢ 过激：是大边沿（距触发参考点最近的边沿）转换后的失真，以幅度的百分比表示。它包括上升过激（FPRE）和下降过激（FOV），如图1.17所示。

$$上升过激=\frac{最大值-顶端值}{幅值}\times 100\%$$

$$下升过激=\frac{最小值-底端值}{幅值}\times 100\%$$

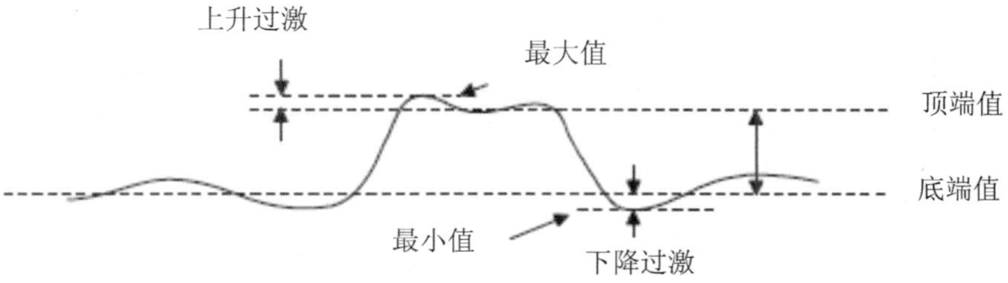

图1.17　上升过激、下降过激示例图

➢ 前激：是大边沿（距触发参考点最近的边沿）转换前的失真，以幅度的百分比表示。它包括上升前激（RPRE）和下降前激（ROV），如图1.18所示。

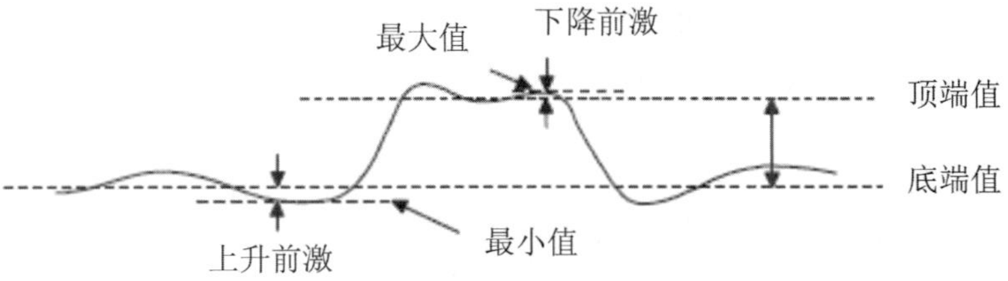

图1.18　上升前激、下降前激示例图

$$上升前激=\frac{最小值-底端值}{幅值}\times 100\%$$

$$下降前激=\frac{最大值-顶端值}{幅值}\times 100\%$$

（2）时间测量

鼎阳SDS1000X系列示波器可以自动测量以下11种时间参数，如图1.19所示。

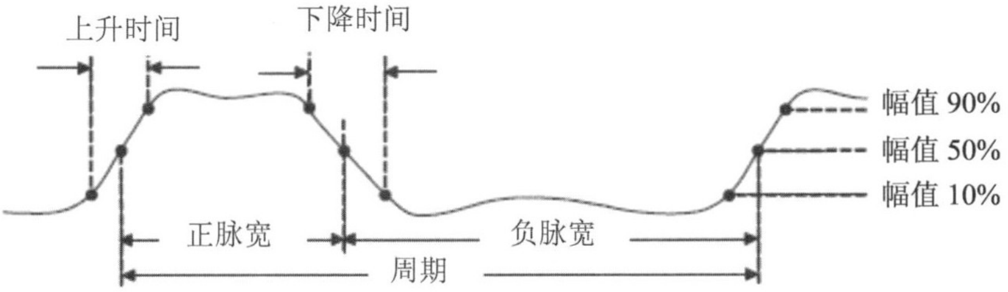

图1.19　时间参数示意图

➢ 周期Period：两个连续、同极性边沿的中阈值交叉点之间的时间。

➢ 频率Freq：周期的倒数。

➢ 正脉宽+Wid：从脉冲上升沿的50%阈值处到紧接着的一个下降沿的50%阈值处之间的时间差。

➢ 负脉宽–Wid：从脉冲下降沿的50%阈值处到紧接着的一个上升沿的50%阈值处之间的时间差。

➢ 上升时间Rise Time：信号幅度从10%上升至90%所经历的时间。

➢ 下降时间Fall Time：信号幅度从90%下降至10%所经历的时间。

➢ 脉宽BWid：从第一个脉冲上升沿的50%阈值处到最后一个下降沿的50%阈值处之间的时间差。

➢ 正占空比+Dut：正脉宽与周期的比值。

➢ 负占空比–Dut：负脉宽与周期的比值。

➢ 延迟Delay：第一个触发沿的50%阈值处到触发点之间的时间差。

➢ Time@Level：过每个上升沿的50%幅值的点到触发位置的时间统计。

（八）光标测量

示波器自动测量的参数总是有限的，对自动测量功能下不能测试的参数可以通过光标手动测量完成。

如图1.20所示，在Menu控制区的Cursors为光标测量功能按键。

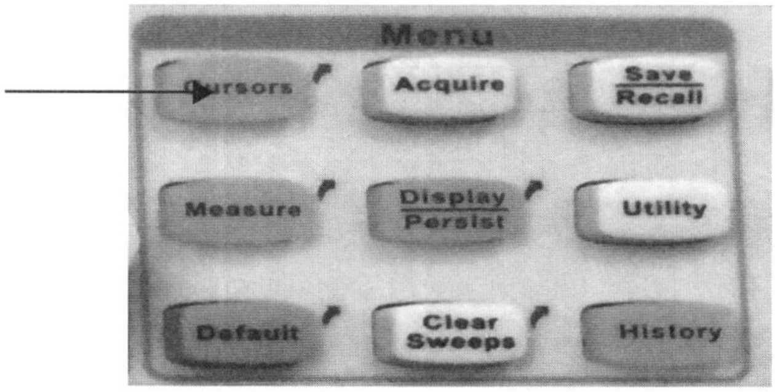

如何利用“光标测试”功能测量波形参数

图1.20　光标测量功能按钮

光标测量分为两种模式：手动和追踪。追踪模式下示波器的光标会自动跟踪对应通道信号变化，此处主要介绍手动测量模式。操作步骤如下。

1. 按下示波器前面板的“Cursors”键快速开启光标，并进入光标测量菜单，如图1.21所示。

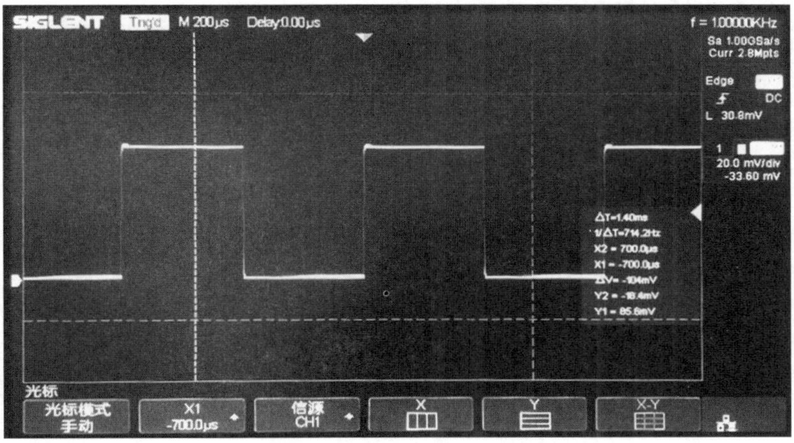

图1.21　光标测量菜单

2. 按下光标模式软键选择手动模式。

3. 按下信源软键，旋转多功能旋钮选择被测信号通道，按下旋钮进行确认。

4. 选择光标类型

如果只测试时间参数可以选择菜单第四个按键“X”，则屏幕上只显示X光标；

如果只测试电压参数可以选择菜单第五个按键“Y”，则屏幕上只显示Y光标；

如果选择菜单第六个按键“X-Y”，则屏幕上同时显示X光标和Y光标，可以同时测量时间值和电压值。

5. 具体光标的调节

按菜单第二个按键，可以选择具体光标，旋转多功能旋钮将光标移到待测量处，通过屏幕上的信息可以读出所测量的值，如图1.22所示。

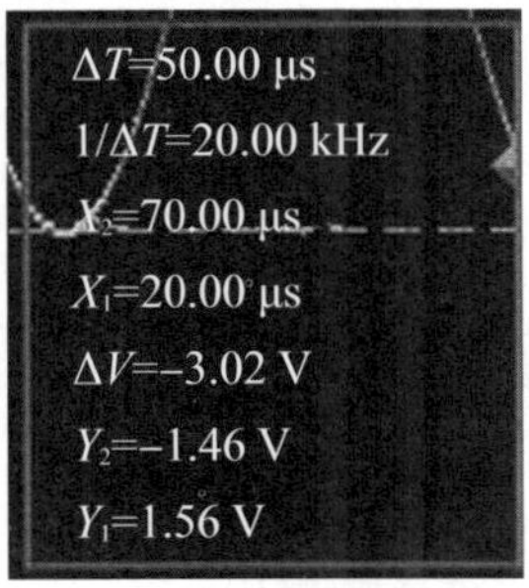

图1.22　光标测量的结果

6. 屏幕显示参数的含义

ΔT：表示两个光标之间的时间值。

$1/\Delta T$：表示两个光标之间时间值的倒数。

X_2：表示 X_2 光标相对水平参考点的时间值。

X_1：表示 X_1 光标相对水平参考点的时间值。

ΔV：表示被测通道两个光标之间的电压差值。

Y_2：表示 Y_2 光标对被测通道地的电压值。

Y_1：表示 Y_1 光标对被测通道地的电压值。

1.2 EE1661型函数/任意波形发生器

一、概述

EE1661型函数/任意波形发生器采用直接数字合成（DDS）技术，可生成精确、稳定、纯净、低失真的输出信号。

EE1661信号源使用波形参数

二、面板介绍

EE1661型函数/任意波形发生器的前面板如图1.23所示。

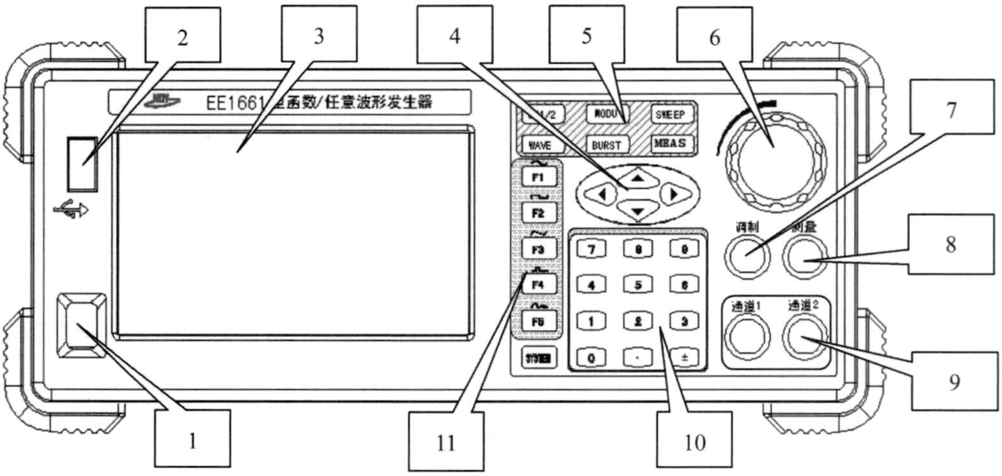

1—电源开关；　2—USB Host接口（U盘）；

3—显示屏；　4—方向键；

5—功能按键，包括通道、波形、调制、突发、扫描、测量六个按键；

6—手动调节旋钮；

7—调制输入接头；　8—测量输入接头；

9—通道1/通道2输出接头；　10—数字键盘；

11—与操作菜单对应的功能按键及波形按键（F1～F5）。

图1.23　EE1661型函数/任意波形发生器的前面板图

三、应用举例

此处只简单介绍符合5 V电源下CMOS及TTL电路要求的连续脉冲信号输出。

例：给某5 V电源下的数字电路输入一个频率为2 kHz的连续脉冲信号。

1. 选择正确的输出端口

开机时默认输出正弦波，界面如图1.24所示。两个输出通道参数同时显示在屏幕上，当前选中的通道数据多一层蓝色外边框，“通道X”衬有紫色底色，如图1.24中左侧的通道1。如果此时是从面板上“通道2”端口输出信号，则需要通过功能按键处的“通道”按键进入通道设置菜单，根据屏幕右侧菜单指示选择旁边的F1～F5按键，将当前输出通道的数据激活。

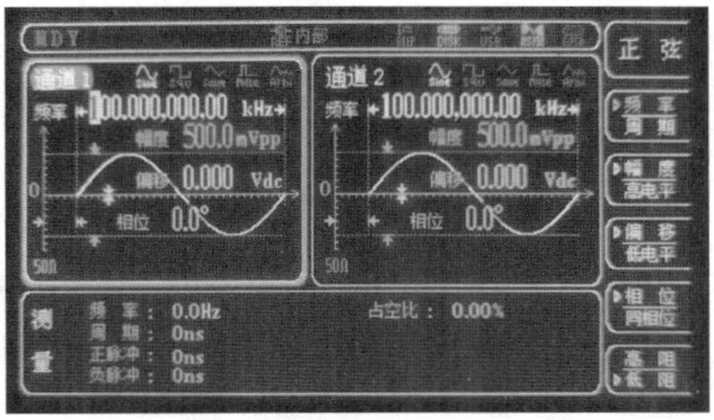

图1.24　开机界面

2. 选择不同负载阻抗时对应的参数显示方式

信号源有一定的内阻，在指定显示方式下，当输出负载阻抗与定标值不同时，在设置条件不变的前提下，信号源显示的幅度和负载实际接收的幅度可能不一致，应该以实际测试值为准。若空载用示波器直接测量信号源输出时，可以在开机界面按“F5”键，将负载阻抗设置为“高阻”，此时信号源显示输出幅度与示波器接收的幅度一致。

3. 波形设置

按面板上功能按键处的“波形”按键进入波形设置菜单，如图1.25所示。按“F4”键选择脉冲波形，进入如图1.26所示的参数设置界面。

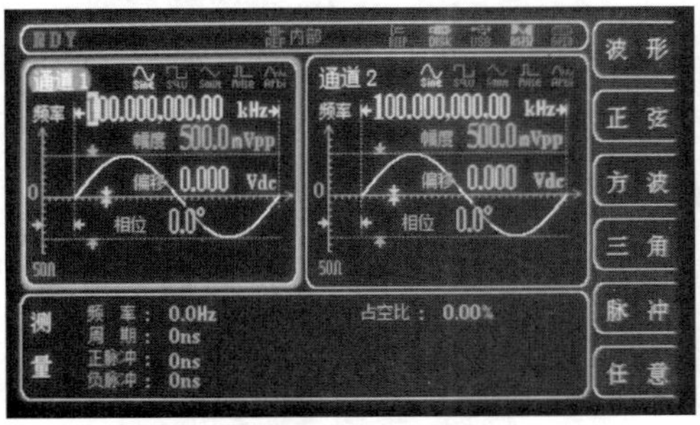

图1.25　波形选择界面

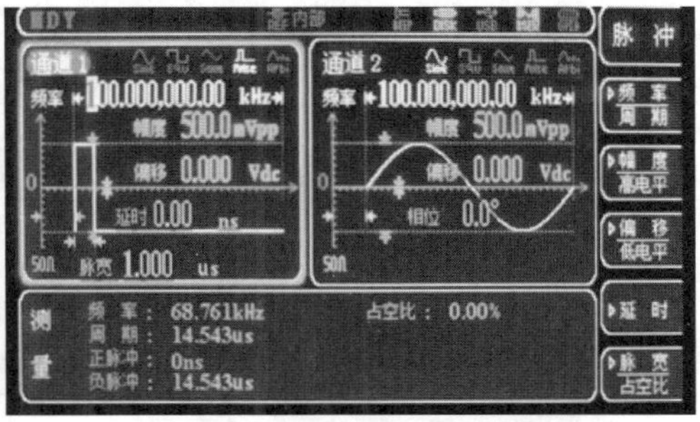

图1.26　脉冲波形参数设置界面

4. 频率设置

在如图1.26所示的界面下，按“F1”键进入频率设置状态。此时可以通过数字键输入数字，再按“F1～F5”中的某一按键选择对应的单位；旋转手动旋钮可以连续改变点亮的数字。根据要求按数字键“2”，再观察屏幕右侧菜单，按“F1～F5”中对应“kHz”的按键。

5. 幅度设置

在图1.26界面下，按“F2”键进入幅度设置状态，幅度设置方法与频率设置类似。因为要满足5 V电源下的数字电路要求，所以此处设置幅度为4.8 V_{pp}，分别按数字键“4”“.”“8”，再观察屏幕右侧菜单，按“F1～F5”中对应“V_{pp}”的按键。

6. 偏移设置

在图1.26界面下，按“F3”键进入偏移设置状态，设置方法与频率设置类似。因为要满足5 V电源下的数字电路高低电平要求，幅度已经设置为4.8 V_{pp}，所以偏移值设为2.4 V，分别按数字键“2”“.”“4”，再观察屏幕右侧菜单，按“F1～F5”中对应“V_{dc}”的按键；也可以连续按两次“F3”按键，直接将低电平设置为0 V。

1.3 直流稳压电源

DP832是一款高性能的、可编程的线性直流电源，拥有清晰的用户界面、优异的性能指标、多种分析功能、多种通信接口，可满足多样化的测试需求。图1.27为该电源的前面板示意图。

DP832直流稳压电源

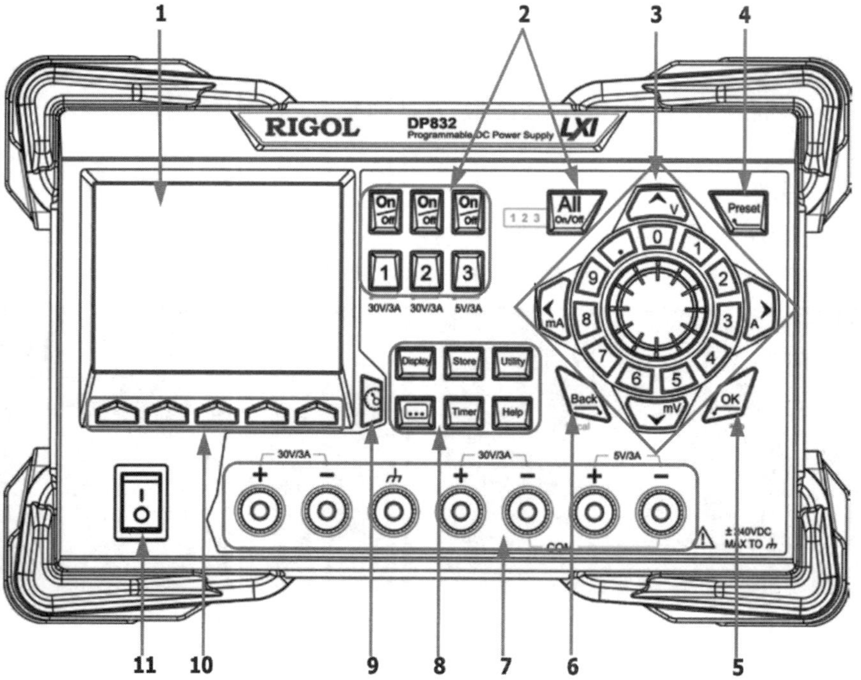

图1.27 DP832直流电源前面板示意图

1. LCD 3.5 英寸的 TFT 显示屏

此显示屏用于显示系统参数设置、系统输出状态、菜单选项以及提示信息等。

2. 通道（挡位）选择与输出开关

按下通道数字键，可选择相应通道为当前通道并可设置该通道的电压、电流、过压/过流保护等参数。

3. 参数输入区

参数输入区包括方向键和单位选择键、数字键盘、旋钮。

（1）方向键和单位选择键

方向键：用于移动光标位置；设置参数时，可以使用上/下方向键增大或减小光标处的数值。

单位选择键：使用数字键盘输入参数时，用于选择电压单位（V、mV）或电流单位（A、mA）。

（2）数字键盘

圆环式数字键盘：包括数字 0～9 和小数点，按下按键，可直接输入数字或小数点。

（3）旋钮

设置参数时，旋转旋钮可以增大或减小光标处的数值。浏览设置对象（定时参数、延时参数、文件名输入等）时，旋转旋钮可以快速移动光标的位置。

4. Preset

Preset 用于将仪器所有设置恢复为出厂默认值，或调用用户自定义的通道电压、电流配置。

5. OK

OK 用于确认参数的设置。

6. Back

Back 用于删除当前光标前的字符。

7. 输出端子

（1）通道输出端子：用于输出通道的电压和电流。

（2）接地端子：该端子与机壳、地线（电源线接地端）相连，处于接地状态。

8. 功能菜单区

按下“Display”键进入显示参数设置界面，可设置屏幕的亮度、对比度、颜色亮度、显示模式和显示主题。此外，还可以自定义开机界面。

按下“Store”键进入文件存储与调用界面，可进行文件的保存、读取、删除、复制和粘贴等操作。

按下“Utility”键进入系统辅助功能设置界面，可设置远程接口参数、系统参数、打印参数等。此外，还可以校准仪器、查看系统信息、定义 Preset 键的调用配置、安装选件等。

按下“help”键打开内置帮助系统，按下需要获得帮助的按键，可获取相应的帮助信息。

9. 显示模式切换、返回主界面

可以在当前显示模式和表盘模式之间进行切换。此外，当仪器处于各功能界面时（Timer、Display、Store、Utility下的任一界面），按下该键可退出功能界面并返回主界面。

10. 菜单键

菜单键与其上方的菜单一一对应，按下任一菜单键选择相应的菜单。

11. 电源开关键

电源开关键可打开或关闭仪器。

1.4 FPGA开发板

1.4.1 FPGA开发板简介

本书中使用的FPGA开发板具备以下资源，如图1.28所示。

（1）6位数码管。

（2）12个LED。

（3）1个蜂鸣器。

（4）12个逻辑开关。

（5）4×4行列按键。

（6）串口转USB，可通过USB连接电脑实现异步串行通信。

（7）1个VGA接口，可以直接接至普通液晶显示器。

（8）4个24位独立的I/O接口引出，可用杜邦线连接至其他电路。

（9）4路差分或4路单端输入的ADC接口，还具有2路DAC输出。

（10）集成调试及下载器，通过USB可直接连接到电脑供电和下载、调试。

（11）采用32 MB的S25FL032作为Flash存储器，用于对FPGA通过SPI×4接口进行配置。

（12）50 MHz有源晶振。

（13）FPGA：型号为xc7a35tftg256-1，FTG256脚。具备33280个逻辑单元、5200个SLICE、41600个触发器。可以分配400 Kb的分布式RAM，具有50个36 Kb的BRAM（1800 Kb）。另外，具备Artix-7系列都具有的XADC及DSP功能，支持DDR3、高达16路6.6 Gb/s收发器、930 GMAC、1.2 Gb/s LVDS。

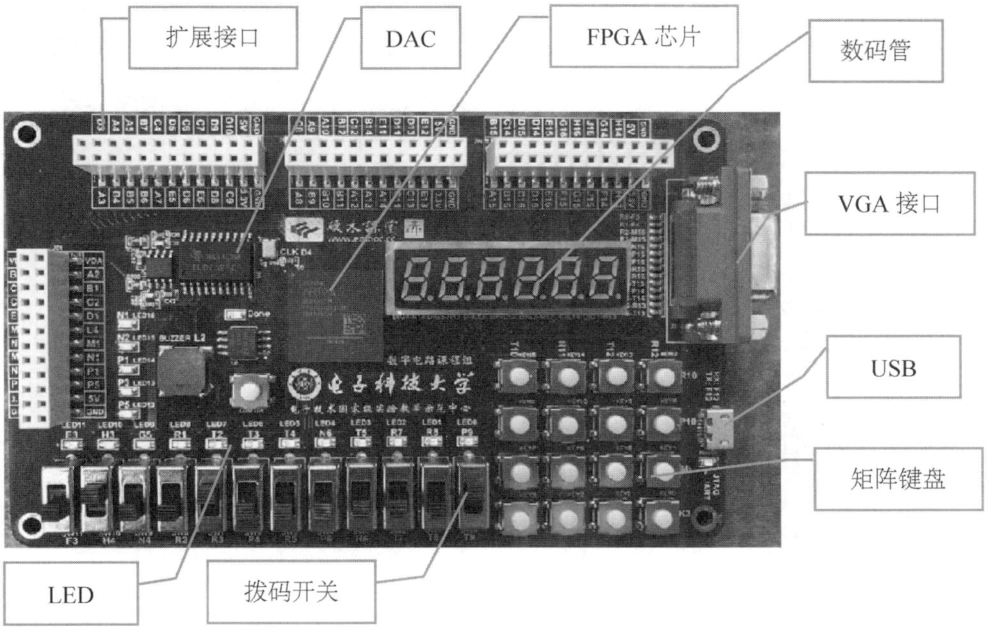

图1.28　FPGA开发板

1.4.2　开发板资源简介

（1）12个LED指示灯如图1.29所示。LEDx端输入高电平时对应指示灯亮。

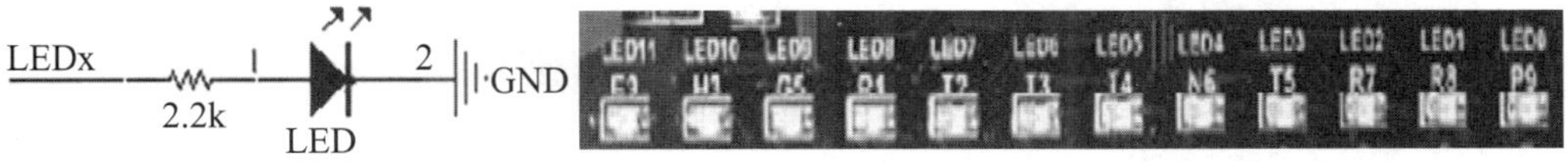

（a）LED原理图　　（b）LED实物图

图1.29　LED原理图及实物图

（2）12个逻辑开关如图1.30所示。开关向上时，对应SWx孔内输出高电平；开关向下时，对应SWx孔内输出低电平。

（a）逻辑开关原理图　　（b）逻辑开关实物图

图1.30　逻辑开关原理图及实物图

（3）矩阵键盘如图1.31所示。若将列x（colx）下拉至低电平，行x（rowx）为高电平，则行x对应的四个按键按下时该键所在的列输出高电平。

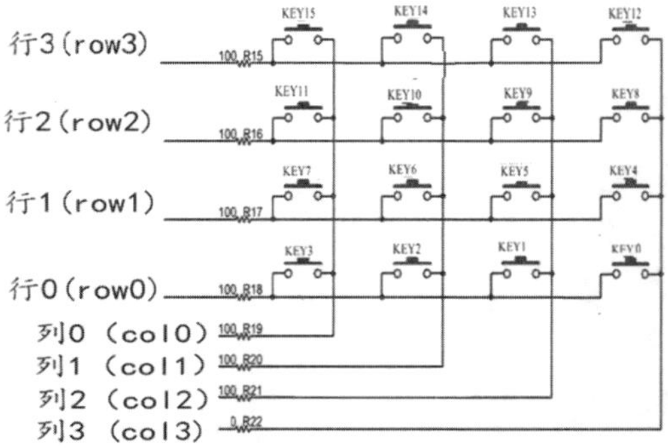

（a）矩阵键盘原理图

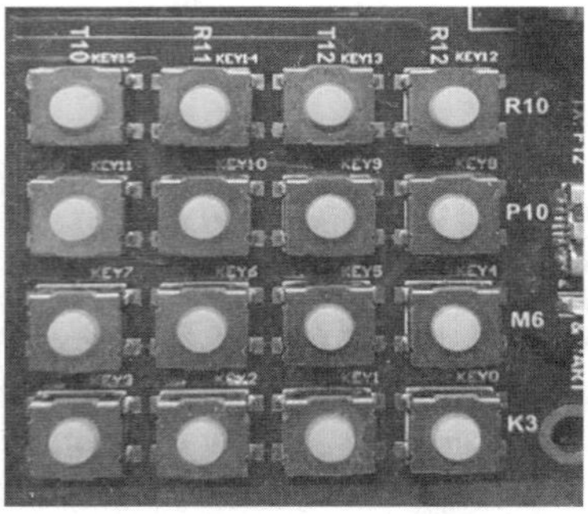

（b）矩阵键盘实物图

图 1.31　矩阵键盘原理图及实物图

（4）数码管如图 1.32 所示。

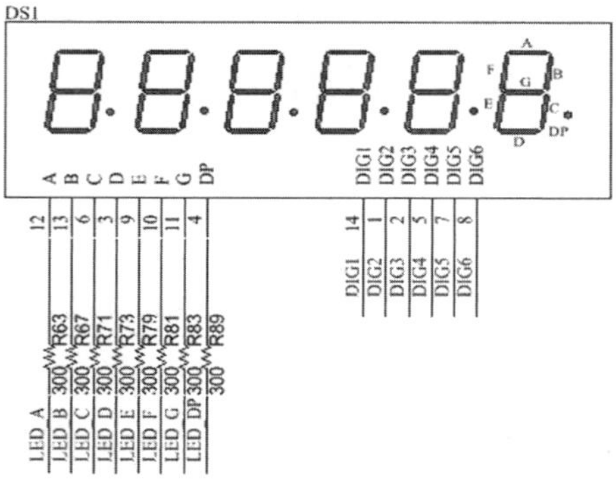

（a）数码管原理图

（b）数码管实物图

图 1.32　数码管原理图及实物图

（5）管脚分配表见表 1.6 至表 1.15 所列，包含时钟、LED、逻辑开关等资源的引脚。

表 1.6　时钟及 LED 管脚分配表

功能	管脚	名称	类型	方向	备注
CLK	D4	Global Clock	IO/MRCC	输入	全局时钟输入
Buzzer	L2	Buzzer Driver	IO	输出	蜂鸣器驱动
LED	P9	LED0	IO	输出	高有效
	R8	LED1	IO	输出	高有效
	R7	LED2	IO	输出	高有效
	T5	LED3	IO	输出	高有效
	N6	LED4	IO	输出	高有效
	T4	LED5	IO	输出	高有效
	T3	LED6	IO	输出	高有效
	T2	LED7	IO	输出	高有效
	R1	LED8	IO	输出	高有效
	G5	LED9	IO	输出	高有效
	H3	LED10	IO	输出	高有效
	E3	LED11	IO	输出	高有效

表1.7 拨码开关管脚分配表

功能	管脚	名称	类型	方向	备注
拨码开关	T9	SW0	IO	输入	
	T8	SW1	IO	输入	
	T7	SW2	IO	输入	
	R6	SW3	IO	输入	
	P6	SW4	IO	输入	
	R5	SW5	IO	输入	
	P4	SW6	IO	输入	
	R3	SW7	IO	输入	
	R2	SW8	IO	输入	
	N4	SW9	IO	输入	
	H4	SW10	IO	输入	
	F3	SW11	IO	输入	

表1.8 4×4矩阵键盘管脚分配表

功能	管脚	名称	类型	方向	备注
4×4矩阵键盘	R10	—	IO	输入/输出	行线1
	P10	—	IO	输入/输出	行线2
	M6	—	IO	输入/输出	行线3
	K3	—	IO	输入/输出	行线4
	T10	—	IO	输入/输出	列线1
	R11	—	IO	输入/输出	列线2
	T12	—	IO	输入/输出	列线3
	R12	—	IO	输入/输出	列线4

表1.9 数码管管脚分配表

功能	管脚	名称	类型	方向	备注
数码管	N11	DIG5	IO	输出	位码5
	N14	DIG4	IO	输出	位码4
	N13	DIG3	IO	输出	位码3
	M12	DIG2	IO	输出	位码2
	H13	DIG1	IO	输出	位码1
	G12	DIG0	IO	输出	位码0
	P11	A	IO	输出	段码0
	N12	B	IO	输出	段码1
	L14	C	IO	输出	段码2
	K13	D	IO	输出	段码3
	K12	E	IO	输出	段码4
	P13	F	IO	输出	段码5
	M14	G	IO	输出	段码6
	L13	DP	IO	输出	段码7

表 1.10　VGA 和串口管脚分配表

功能	管脚	名称	类型	方向	备注
VGA	F5	vgaRed[0]	IO	输出	红色位 0
	F4	vgaRed[1]	IO	输出	红色位 1
	M16	vgaRed[2]	IO	输出	红色位 2
	M15	vgaRed[3]	IO	输出	红色位 3
	R16	vgaBlue[0]	IO	输出	蓝色位 0
	T15	vgaBlue[1]	IO	输出	蓝色位 1
	P14	vgaBlue[2]	IO	输出	蓝色位 2
	T14	vgaBlue[3]	IO	输出	蓝色位 3
	N16	vgaGreen[0]	IO	输出	绿色位 0
	P15	vgaGreen[1]	IO	输出	绿色位 1
	P16	vgaGreen[2]	IO	输出	绿色位 2
	R15	vgaGreen[3]	IO	输出	绿色位 3
	R13	Hsync	IO	输出	水平同步信号
	T13	Vsync	IO	输出	垂直同步信号
串口	F12	TXD	IO	输出	数据发送
	F13	RXD	IO	输入	数据接收

表 1.11　DAC 管脚分配表

功能	管脚	名称	类型	方向	备注
DAC (TLC7528)	H1	$\overline{WR}$	IO	输出	写使能，低有效
	H2	$\overline{CS}$	IO	输出	片选，低有效
	J3	$\overline{\text{DACA}}$ /DACB	IO	输出	数据选通输入： 低：DACA，高：DACB
	G1	DB0	IO	输出	DAC 数据 data0
	G2	DB1	IO	输出	DAC 数据 data1
	F2	DB2	IO	输出	DAC 数据 data2
	E1	DB3	IO	输出	DAC 数据 data3
	L3	DB4	IO	输出	DAC 数据 data4
	K1	DB5	IO	输出	DAC 数据 data5
	K2	DB6	IO	输出	DAC 数据 data6
	J1	DB7	IO	输出	DAC 数据 data7
	VOB	DACB Output	—	输出	DACB 输出
	VOA	DACA Output	—	输出	DACA 输出

表1.12　模数转换JD插座管脚分配表

功能	管脚	名称	类型	方向	备注
模数转换（JD插座）	B2	XADC1P	AD14P	输入	JD_3,模拟输入通道14高
	A2	XADC1N	AD14N	输入	JD_4,模拟输入通道14低
	C1	XADC2P	AD7P	输入	JD_3,模拟输入通道7高
	B1	XADC2N	AD7N	输入	JD_4,模拟输入通道7低
	C3	XADC3P	AD6P	输入	JD_5,模拟输入通道6高
	C2	XADC3N	AD6N	输入	JD_6,模拟输入通道6低
	E2	XADC4P	AD15P	输入	JD_7,模拟输入通道15高
	D1	XADC4N	AD15N	输入	JD_8,模拟输入通道15低
	M4	自定义	自定义	自定义	JD_9
	L4	自定义	自定义	自定义	JD_10
JD插座	N3	自定义	自定义	自定义	JD_11
JD插座	M1	自定义	自定义	自定义	JD_12
	M2	自定义	自定义	自定义	JD_13
	N1	自定义	自定义	自定义	JD_14
	N2	自定义	自定义	自定义	JD_15
	P1	自定义	自定义	自定义	JD_16
	P3	自定义	自定义	自定义	JD_17
	P5	自定义	自定义	自定义	JD_18
	A3	自定义	自定义	自定义	JC_1
	D3	自定义	自定义	自定义	JC_2

表1.13　JC插座管脚分配表

功能	管脚	名称	类型	方向	备注
JC插座	B4	自定义	自定义	自定义	JC_3
	A4	自定义	自定义	自定义	JC_4
	B5	自定义	自定义	自定义	JC_5
	A5	自定义	自定义	自定义	JC_6
	B6	自定义	自定义	自定义	JC_7
	B7	自定义	自定义	自定义	JC_8
	A7	自定义	自定义	自定义	JC_9
	C4	自定义	自定义	自定义	JC_10
	E5	自定义	自定义	自定义	JC_11

续表

功能	管脚	名称	类型	方向	备注
JC插座	D5	自定义	自定义	自定义	JC_12
	D6	自定义	自定义	自定义	JC_13
	C6	自定义	自定义	自定义	JC_14
	E6	自定义	自定义	自定义	JC_15
	C7	自定义	自定义	自定义	JC_16
	D8	自定义	自定义	自定义	JC_17
	D9	自定义	自定义	自定义	JC_18
	C9	自定义	自定义	自定义	JC_19
	D10	自定义	自定义	自定义	JC_20
	A8	自定义	自定义	自定义	JB_1
	C8	自定义	自定义	自定义	JB_2

表 1.14　JB 插座管脚分配表

功能	管脚	名称	类型	方向	备注
JB插座	B9	自定义	自定义	自定义	JB_3
	A9	自定义	自定义	自定义	JB_4
	B10	自定义	自定义	自定义	JB_5
	A10	自定义	自定义	自定义	JB_6
	B11	自定义	自定义	自定义	JB_7
	B12	自定义	自定义	自定义	JB_8
	A12	自定义	自定义	自定义	JB_9
	C12	自定义	自定义	自定义	JB_10
	A13	自定义	自定义	自定义	JB_11
	B14	自定义	自定义	自定义	JB_12
	A14	自定义	自定义	自定义	JB_13
	E11	自定义	自定义	自定义	JB_14
	C11	自定义	自定义	自定义	JB_15
	D11	自定义	自定义	自定义	JB_16
	C13	自定义	自定义	自定义	JB_17
	D13	自定义	自定义	自定义	JB_18
	E13	自定义	自定义	自定义	JB_19
	E12	自定义	自定义	自定义	JB_20
	A15	自定义	自定义	自定义	JA_1
	B15	自定义	自定义	自定义	JA_2

表1.15　JA插座管脚分配表

功能	管脚	名称	类型	方向	备注
JA插座	B16	自定义	自定义	自定义	JA_3
	C14	自定义	自定义	自定义	JA_4
	C16	自定义	自定义	自定义	JA_5
	D15	自定义	自定义	自定义	JA_6
	D16	自定义	自定义	自定义	JA_7
	D14	自定义	自定义	自定义	JA_8
	E16	自定义	自定义	自定义	JA_9
	E15	自定义	自定义	自定义	JA_10
	F15	自定义	自定义	自定义	JA_11
	G16	自定义	自定义	自定义	JA_12
	G15	自定义	自定义	自定义	JA_13
	H16	自定义	自定义	自定义	JA_14
	J15	自定义	自定义	自定义	JA_15
	J16	自定义	自定义	自定义	JA_16
	F14	自定义	自定义	自定义	JA_17
	G14	自定义	自定义	自定义	JA_18
	H12	自定义	自定义	自定义	JA_19
	H14	自定义	自定义	自定义	JA_20

第2章　数字系统应用实验

2.1　实验一　电子秒表1（整体构成）

2.1.1　基础性实验

一、实验目的

1. 根据秒表的设计指标分析构成秒表的方案及各个功能模块的作用。

2. 了解给定的各个功能模块的输入、输出特点，搭建秒表整体电路。

3. 对秒表整体电路进行测试以及功能扩展。

二、实验器材

1. 直流稳压电源一台、双踪示波器一台、数字逻辑实验箱一台、低频信号源一台。

2. 电子秒表底板一块。

三、预习思考题

1. 秒表计时范围要求从0分0秒0到9分59秒9，并具有数字显示。

（1）用什么电路来显示？

（2）显示至少需要几位？

（3）秒表的分辨率是多少？

2. 秒表需具有“分”（0～9）、“秒”（00～59）、“十分之一秒”（0～9）的数字显示。

（1）什么电路可实现0～9循环输出？

（2）00～59循环的序列是模多少的计数器？

（3）按4位分别设计计数器，需要几种进制的计数器？

（4）十进制和六进制计数器在秒表中的位置。

3. 若秒表要求有两个控制按键：按下启动键从零开始计时；按下停止键，计时停止。

（1）启动按键如何控制秒表电路？

（2）停止按键如何控制秒表电路？

（3）启动按键和停止按键控制电路的作用是什么？

四、实验原理

（一）电子秒表的功能及设计指标

（1）数字式秒表可实现计时与显示，计时范围从0分0秒0到9分59秒9。

电子秒表的实现框图及原理

（2）具有“分”（0～9）“秒”（00～59）“十分之一秒”（0～9）的数字显示，秒表的分辨率为0. 1秒。

（3）有两个控制按键：按下启动键从零开始计时；按下停止键，计时停止。

（4）接通秒表电源时，显示0分0秒0（即0：00：0）。

（二）电子秒表的方案分析

1. 秒表计时范围要求从0分0秒0到9分59秒9，并具有数字显示。

（1）用什么电路来实现显示？

实现显示可以采用液晶显示器或七段数码管。在本设计中实现简单显示可采用通过显示译码器驱动七段数码管显示，但会涉及选择动态显示还是静态显示等问题。

（2）显示至少需要几位？

秒表计时范围要求从0分0秒0到9分59秒9，所以选择4位数码管，可采用通过4个显示译码器分别驱动4个七段数码管的方式来实现显示。在本设计中会直接给出显示译码器及七段数码管的显示功能模块供使用。

（3）秒表的分辨率是多少？

由于显示时间的最小单位是0.1秒，秒表的分辨率是0.1秒，因此可以选取10 Hz脉冲作为计时模块的时钟。

2. 秒表需具有“分”（0～9）、“秒”（00～59）、“十分之一秒”（0～9）的数字显示。

（1）什么电路可实现0～9循环输出？

1位十进制计数器可实现0～9循环输出，可选用集成芯片或者电路级联实现从0000—0001—0010—0011—0100—0101—0110—0111—1000—1001的十进制序列。在本设计中会直接给出1位十进制计数器功能模块供使用。

（2）00～59循环的序列是模多少的计数器？

00～59循环的序列是模60的计数器。可以采用十进制与六进制（000—001—010—011—101）级联的方式产生。在本设计中会直接给出十进制计数器和六进制计数器的功能模块供级联使用。

（3）按4位分别设计计数器，需要几种进制的计数器？

需要3个十进制和1个六进制计数器。

（4）十进制和六进制计数器在秒表中的位置？

“分”（0～9）是十进制，“秒十位”（0～5）是六进制，“秒个位”（0～9）是十进制，“十分之一秒”（0～9）是十进制。

3. 秒表要求有两个控制按键：按下启动键，从零开始计时；按下停止键，计时停止。

（1）启动按键如何控制秒表电路？

根据指标要求，启动按键按下时所有计数器先清零再开始计时，所以启动按键将产生一个短暂的清零有效电平信号。在本设计中会直接给出单稳态触发器的功能模块供使用。

（2）停止按键如何控制秒表电路？

按下停止键，秒表停止计时，方法有多种，例如按下停止键后不产生计时脉冲信号或者使计时器不使能。在本设计中利用门电路控制计时脉冲的通断，实现按下停止键就停止输出计时脉冲。

（3）启动按键和停止按键信号如何产生？

可采用将启动和停止按键信号作为RS触发器的两个输入端，分别控制RS触发器的输出。在本设计中直接给出了RS触发器模块供使用。

4. 接通秒表电源时，显示0分0秒0（即0：00：0）

（1）秒表的供电电源如何选择？

本设计中提供的模块电源都是5 V，所以可以采用三端稳压芯片7805实现稳定的5 V供电。

（2）如何通电就显示0：00：0？

为了模拟实际秒表通电就显示0：00：0，即驱动七段数码管的显示译码器的输入端要求通电时为0000的数据，可采用通过下拉电路将输入端下拉到地的方法实现。

（3）如何知道电源已接通？

在设计电路时往往在电源上接一个发光二极管，有电源接通时发光二极管点亮可指示电源接通。

（三）电子秒表的各个模块功能

1. 计数器与显示译码器及数码管仿真电路模块

如图2.1所示，提供了十进制计数器和六进制计数器，十进制计数器输出序列为0～9，六进制计数器输出序列为0～5，两种计数器都带有高有效的清零端，计数时钟下降沿有效，可实现秒表要求的计数显示功能。图2.2为计时显示模块级联仿真电路图，由3个十进制计数器和1个六进制计数器级联。

电子秒表的各个单元电路原理

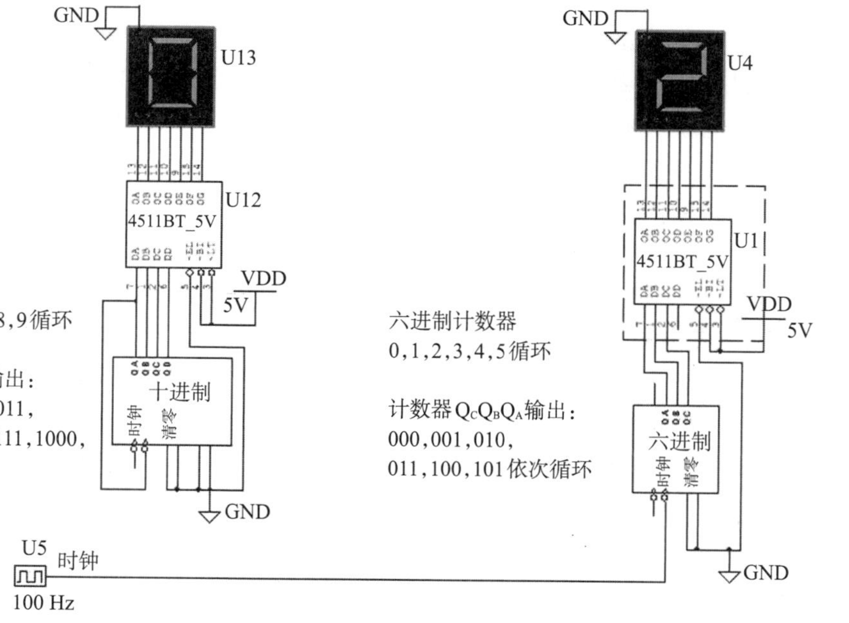

图2.1　计时显示模块仿真电路图

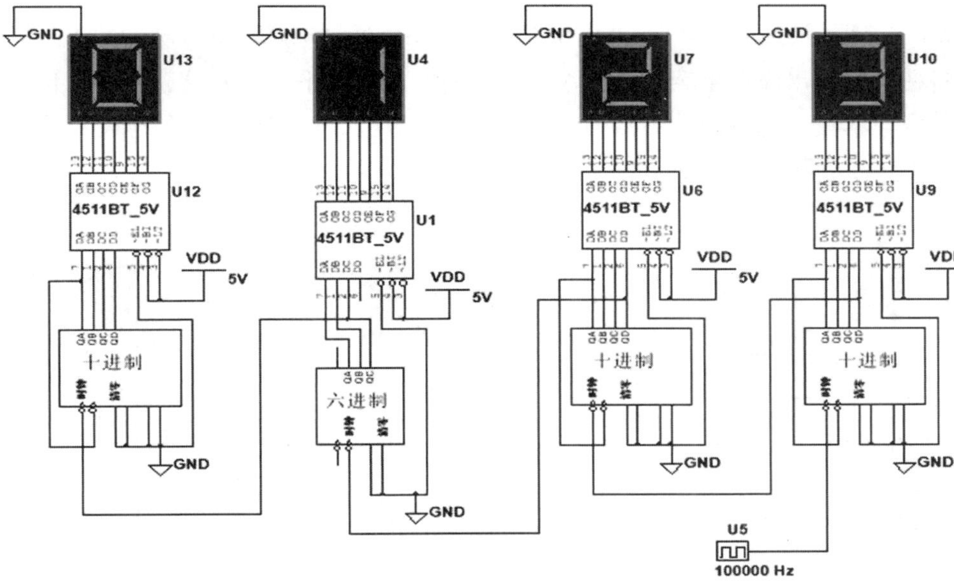

图2.2　计时显示模块级联仿真电路图

2. 计时时钟信号产生电路模块

如图2.3所示，此模块由555输出50 Hz脉冲波形，经过五进制计数器的5分频得到10 Hz脉冲信号，作为计数器的计时时钟。

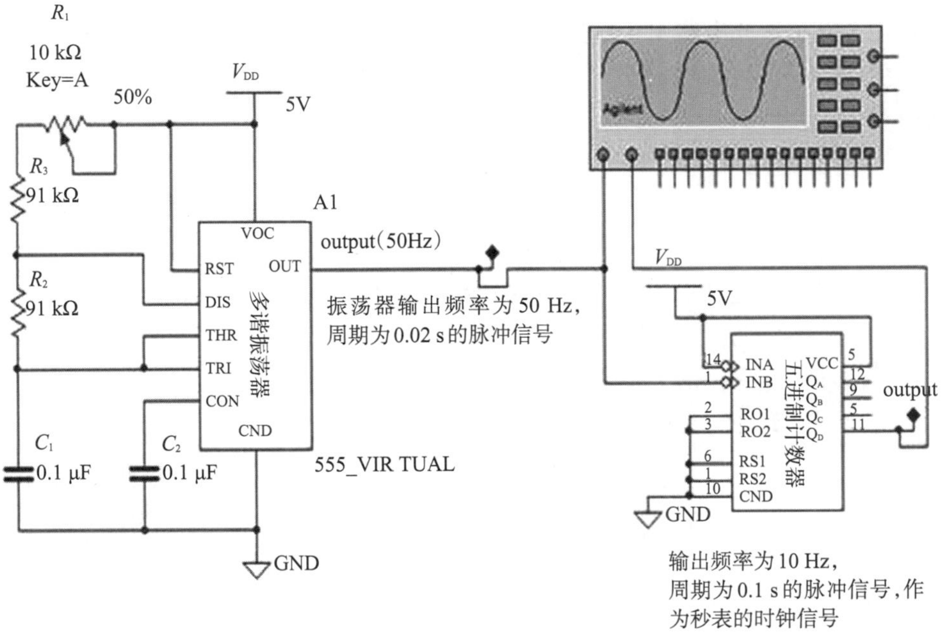

图2.3　计时时钟信号产生电路模块

3. 清零信号产生电路模块

如图2.4所示，此清零信号产生电路为单稳态触发器电路，输入脉冲的下降沿触发，将在电路输出端产生定时正脉冲，定时时间（高电平时间）结束后输出自动回到低电平。本设中选用的计数器的清零信号为高有效，故将此脉冲信号作为清零信号接入所有计数器的清零端，实现清零后计数。

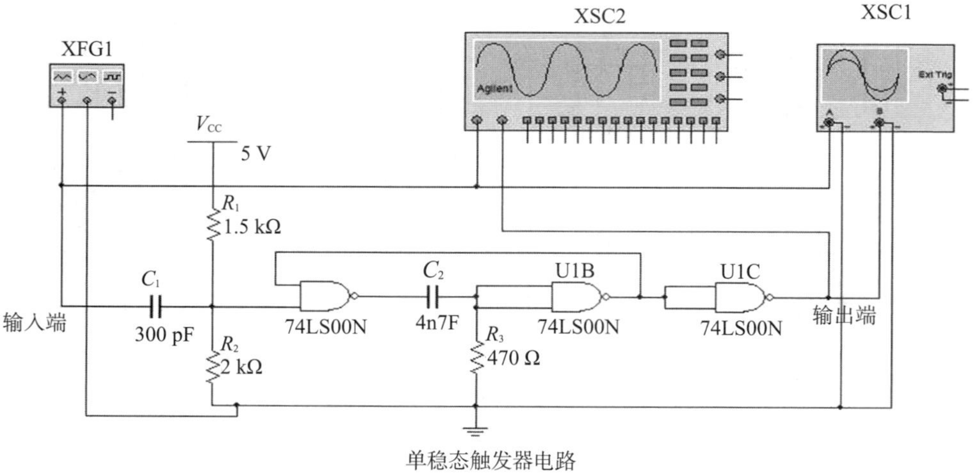

图2.4　清零信号产生电路

4. 启动及停止控制电路模块

如图2.5所示，此电路由RS触发器及门电路构成，按下启动按键，在A点产生下降沿。按下停止按键，在C点产生低电平的停止信号，此信号可使计时脉冲通过与非门后变为高电平。

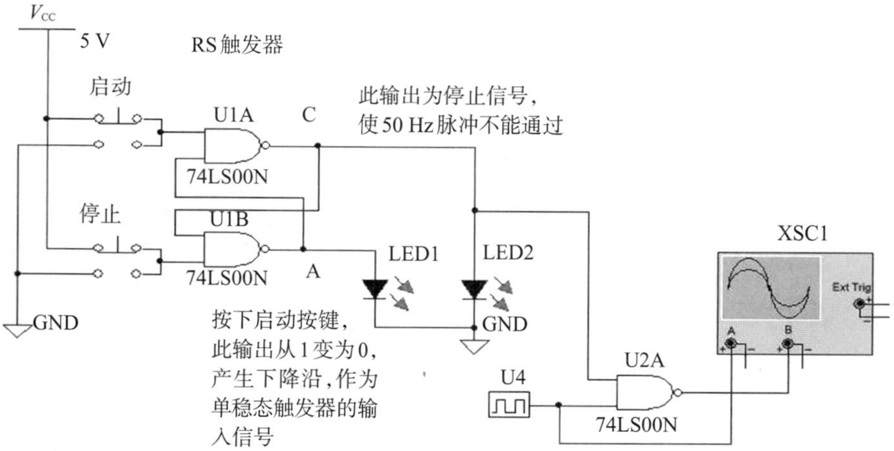

图2.5　启动及停止电路

5. 电子秒表的组成框图

如图2.6所示的电子秒表组成框图，电子秒表由计时显示模块、计时时钟信号产生模块、清零信号产生模块、启动及停止信号产生模块等组成。图2.7为电子秒表的整体电路图。图2.8为电子秒表实现示例电路板。

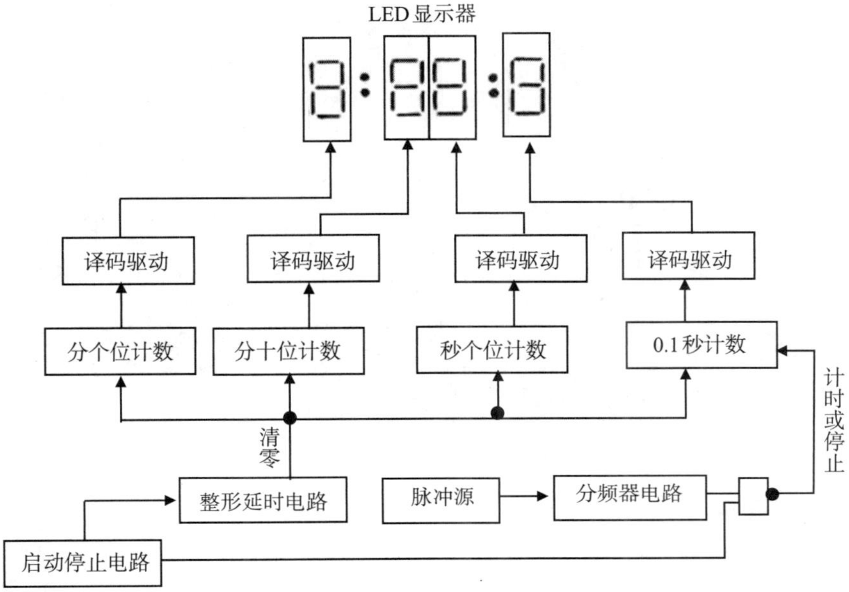

图2.6　电子秒表组成框图

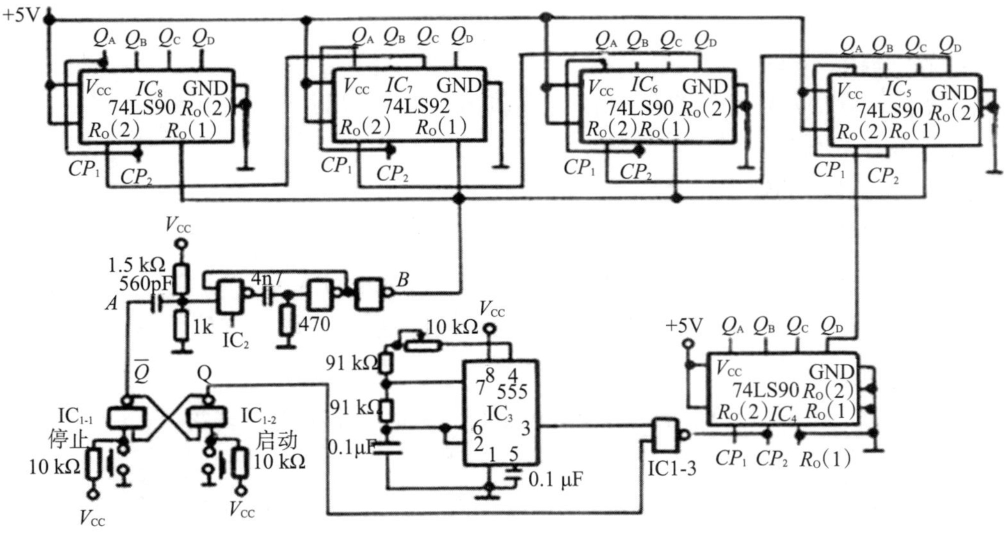

图2.7　电子秒表电路图

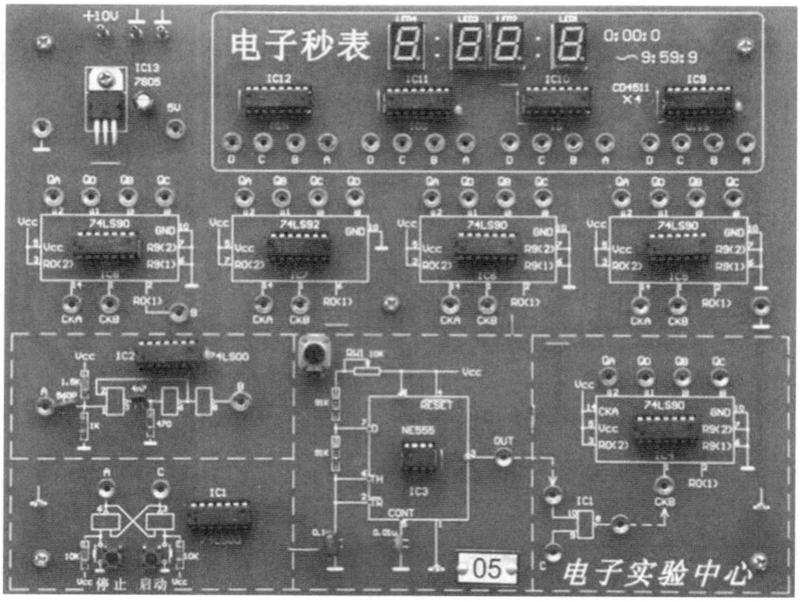

图2.8　电子秒表实现示例电路板

五、 实验任务

对各个模块进行仿真，了解各个模块的输入、输出特点。

秒表的实验内容

1. 时钟发生器的测试

用示波器观察脉冲源电路的输出，记录输出电压的波形并测量其频率。

2. 分频器电路的测试

用示波器观察分频器电路的输出，记录输出电压的波形并测量其频率。

3. 计数器的测试

观察各计数器的输出。

4. 启动停止单元电路的测试

（1）测试RS触发器的输出Q（C点）和$\overline{Q}$（A点）的状态。

（2）分别按下RS触发器构成的启动停止控制单元的启动键和停止键，用示波器观测输出Q和$\overline{Q}$的值。

（3）分析：按下启动键前后，$\overline{Q}$（A点）的波形电平将如何改变。

5. 清零信号产生电路（单稳态触发器）的测试

输入端A点接1 kHz连续脉冲，用示波器观察并画出输入端A点、输出端B点的波形，记录输入、输出波形的周期和输出正脉冲的宽度。

6. 电子秒表的整体测试

各单元电路测试正常后，按总图把几个单元电路连接起来，进行电子秒表的总体测试。先按一下停止按钮，此时电子秒表不工作；再按一下启动按钮，则计数器清零后便开始计时，观察数码管显示计数情况是否正常。如不需要计时或希望暂停计时，按一下停止按钮，计时立即停止，但数码管保留所计时的值。观察电子秒表工作是否正常。

六、常见问题与解决方法

现象1：计数器有计数脉冲输入但不计数，始终显示0。

解决方法：可能是计数器的清零信号一直有效使计数器一直处于清零状态了。应将所有计数器的清零端与清零产生信号电路的输出端相连，秒表正常计数时，清零信号应为低电平。

现象2：按启动键后，计数器输出显示不清零即开始计数。

解决方法：可能是单稳态触发器没有输出清零信号，检查相关电路的连线。

现象3：计数器已开始工作，但LED始终显示“8”字形，不能正确显示计数值。

解决方法：输入时钟频率太高，应改为1 Hz。

现象4：六进制计数器输出显示不正确。

解决方法：计数器输出只看Q_A、Q_B、Q_C，Q_D不用接。

七、思考题

1. 实验电路中RS触发器的输出Q和Q'是如何控制秒表开始计数和停止计数的？
2. 该电子秒表实验电路能实现暂停计数功能吗？如何实现？

2.1.2　设计性实验

1. 在完成如图2.9所示的电子秒表基础要求的仿真后，通过仿真实现秒表的暂停功能，分析实现暂停功能的多种方案，并用Multisim对暂停功能进行仿真。

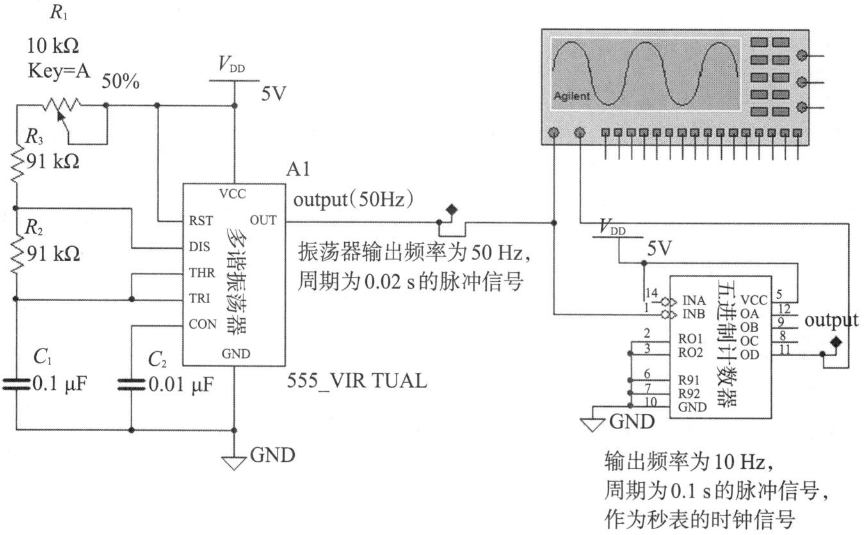

图2.9　电子秒表基础要求的仿真实现示例图

2. 查找资料，了解实现电子秒表电路的多种设计方案。例如，使用单片机进行电子秒表的设计或用FPGA实现电子秒表的设计方案。

2.2 实验二 电子秒表2

2.2.1 基础实验

一、实验目的

1. 学习数字电路中计数器、译码显示等单元电路的综合应用。

2. 掌握计数器、译码显示的工作原理。

3. 进行小型数字综合系统的初步训练。

4. 掌握电路调试、排除电路故障的正确方法。

二、实验器材

1. 直流稳压电源一台、双踪示波器一台、数字逻辑实验箱一台、低频信号源一台。

2. 电子秒表底板一块。

三、预习要求

1. 复习数字电路中的计数器等器件的使用。

2. 列出电子秒表单元电路的测试表格。

3. 回答预习思考题

（1）实验中的电子秒表能实现的功能有哪些?

（2）计数器为什么要采用74×90和74×92两种计数器芯片?

四、实验原理

1. 电子秒表的功能

（1）数字式秒表实现简单的计时与显示，按下启动键，清零并开始计时；按下停止键，计时停止。

（2）具有“分”（0～9）、“秒”（00～59）、“十分之一秒”（0～9）数字显示，分辨率为0.1秒，计时范围从0分0秒0到9分59秒9。

由于显示的时间的最小单位是0.1秒，所以选取计时模块的时间脉冲为10 Hz。

2. 电子秒表的构成

如图2.10所示为电子秒表的组成框图。利用555设计一个多谐振荡器，该振荡器产生周期性脉冲信号作为分频器电路的输入。计时部分的计数器由分频、0.1秒位、秒个位、秒十位和分个位五个计数器组成，最后通过CD4511显示译码在数码管上显示输出。由启动和停止电路控制启动和停止秒表。

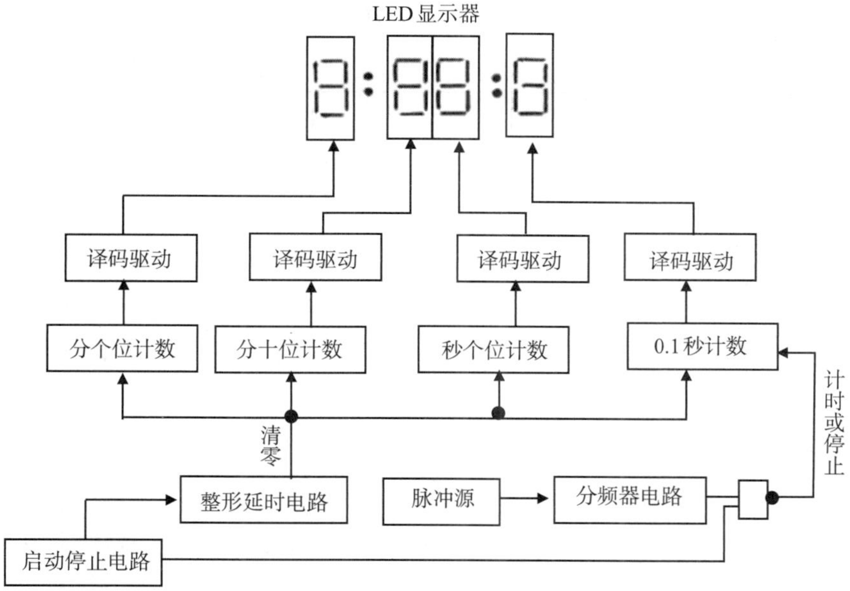

图2.10　电子秒表的组成框图

3. 电子秒表时间计数单元

时间计数单元有分计数、秒计数和0.1秒计数等几个部分。要实现0.1秒计数，需要设计一个十进制计数器；要实现秒计数，需要设计一个六十进制计数器；要实现分计数，需要设计一个十进制计数器，这里选用集成异步计数器74LS90实现。

异步计数器74LS90的应用

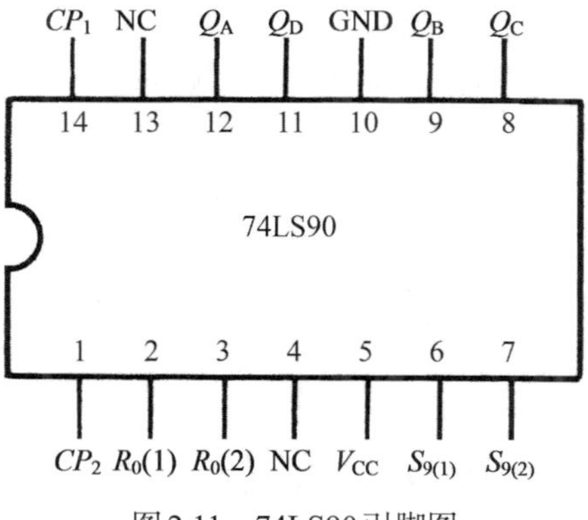

图2.11　74LS90引脚图

74LS90是异步二—五—十进制加法计数器，它既可以作为二进制加法计数器，又可以作为五进制和十进制加法计数器。图2.11为74LS90引脚图，表2.1为74LS90功能表。

表 2.1　74LS90 功能表

<table>
<tr><th colspan="3">输 入</th><th colspan="4">输 出</th><th rowspan="3">功能</th></tr>
<tr><th>清零</th><th>置 9</th><th>时钟</th><th rowspan="2">Q_D</th><th rowspan="2">Q_C</th><th rowspan="2">Q_B</th><th rowspan="2">Q_A</th></tr>
<tr><th>$R_0(1)$、$R_0(2)$</th><th>$S_9(1)$、$S_9(2)$</th><th>CP_1 CP_2</th></tr>
<tr><td>1　1</td><td>0　×
×　0</td><td>×　×</td><td>0</td><td>0</td><td>0</td><td>0</td><td>清 0</td></tr>
<tr><td>0　×
×　0</td><td>1　1</td><td>×　×</td><td>1</td><td>0</td><td>0</td><td>1</td><td>置 9</td></tr>
<tr><td rowspan="5">0　×
×　0</td><td rowspan="5">0　×
×　0</td><td>↓　×</td><td colspan="4">Q_A 输出</td><td>二进制计数</td></tr>
<tr><td>×　↓</td><td colspan="4">$Q_DQ_CQ_B$ 输出</td><td>五进制计数</td></tr>
<tr><td>↓　Q_A</td><td colspan="4">$Q_DQ_CQ_BQ_A$ 输出 8421BCD 码</td><td>十进制计数</td></tr>
<tr><td>Q_D　↓</td><td colspan="4">$Q_AQ_DQ_CQ_B$ 输出 5421BCD 码</td><td>十进制计数</td></tr>
<tr><td>1　1</td><td colspan="4">不变</td><td>保持</td></tr>
</table>

通过不同的连接方式，74LS90 不仅可以实现四种不同的逻辑功能，而且还可借助 $R_0(1)$、$R_0(2)$ 对计数器清零，借助 $S_9(1)$、$S_9(2)$ 将计数器置 9。其具体功能详述如下。

（1）计数脉冲从 CP_1 输入，Q_A 作为输出端，为二进制计数器。

（2）计数脉冲从 CP_2 输入，$Q_DQ_CQ_B$ 作为输出端，为异步五进制加法计数器。

（3）若将 CP_2 和 Q_A 相连，计数脉冲由 CP_1 输入，Q_D、Q_C、Q_B、Q_A 作为输出端，则构成异步 8421 码十进制加法计数器。

（4）若将 CP_1 与 Q_D 相连，计数脉冲由 CP_2 输入，Q_A、Q_D、Q_C、Q_B 作为输出端，则构成异步 5421 码十进制加法计数器。

（5）清零、置 9 功能。

①异步清零

当 R_0（1）、R_0（2）均为“1”；S_9（1）、S_9（2）中有“0”时，实现异步清零功能，即 $Q_DQ_CQ_BQ_A$=0000。

②置 9 功能

当 S_9（1）、S_9（2）均为“1”；R_0（1）、R_0（2）中有“0”时，实现置 9 功能，即 $Q_DQ_CQ_BQ_A$=1001。

十分之一秒计数器和分计数器是十进制，所以只需要将 74LS90 接成十进制即可，电路图如图 2.12 所示。

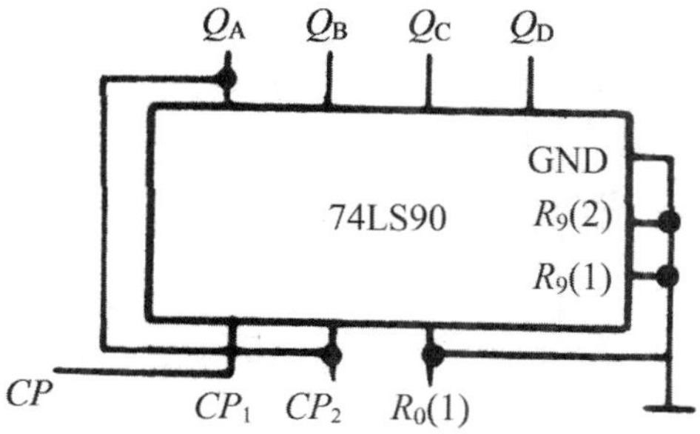

图2.12　74LS90构成十进制计数器

①异步计数器的级联

异步计数器一般没有专门的进位信号输出端，通常可以用本级的高位输出信号驱动下一级计数器计数。异步计数器的级联是串联方式，即将最低位计数器的计数输入端接计数脉冲，其他各位计数器的计数输入端接相邻低位计数器的进位输出端（下跳沿计数器）。

74LS90是二—五—十进制计数器，所以设计一个六十进制秒计数器要用两个74LS90，当计数状态一到01011001立即清零。但是用74LS90实现六进制时须将Q_C、Q_A分别接R_0（1）、R_0（2），占用清零端。这样由启动停止电路输出的控制信号就无法接到R_0（1）、R_0（2）处对秒表进行控制。所以本设计中改用74LS92实现六进制计数。

②2/6分频异步加法计数器74LS92简介

异步计数器74LS92是异步二—六—十二进制加法计数器，即CPA和Q_A构成二进制计数器，CPB和Q_B、Q_C和Q_D组成六进制计数器。当Q_A输出同CPB相连，计数脉冲从CPA处输入74LS92构成十二进制计数器，此时74LS92复位计数功能表见表2.2所列，其计数顺序表见表2.3所列。清零输入高电平有效。74LS92的引脚如图2.13所示。

异步计数器74×92的应用

表2.2　74LS92复位计数功能表

复位输入		输出			
$R_0(1)$	$R_0(2)$	Q_D	Q_C	Q_B	Q_A
1	1	0	0	0	0
X	0	计数（COUNT）			
0	X	计数（COUNT）			

注：1=高电平　0=低电平　X=不确定。

表2.3　74LS92计数顺序表

计数	输出			
	Q_D	Q_C	Q_B	Q_A
0	0	0	0	0
1	0	0	0	1
2	0	0	1	0
3	0	0	1	1
4	0	1	0	0
5	0	1	0	1
6	1	0	0	0
7	1	0	0	1
8	1	0	1	0
9	1	0	1	1
10	1	1	0	0
11	1	1	0	1

注:输出Q_A与CPB相连接。

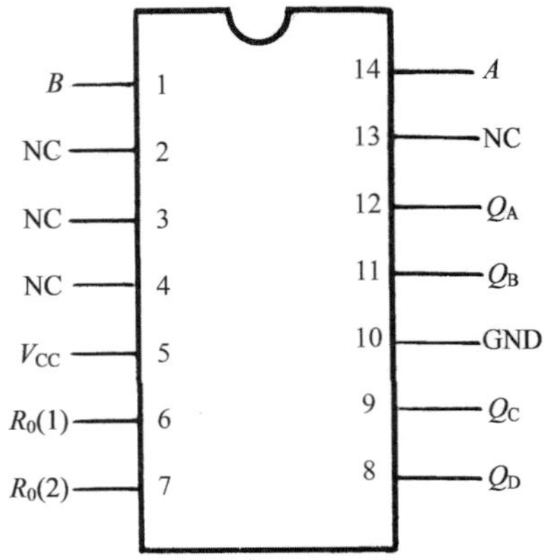

图2.13　74LS92引脚图

74LS92固有的六进制计数器$Q_D Q_C Q_B$的计数循环为000、001、010、100、101、110，即六进制的0—1—2—4—5—6循环计数序列，计数顺序和时钟计数要求的输出每次递增1的计数顺序并不符合，所以构成实验所需的六十进制计数器不能直接采用74LS92固有的六进制计数器。观察74LS92的计数顺序表，可以发现低三位$Q_C Q_B Q_A$的输出就是一个输出每次递增1的六进制的加法计数器。

所以用74LS90构成的十进制计数器和74LS92构成的六进制计数器相级联构成六十进制计数器。六十进制计数器电路图如图2.14所示。将74LS92的CP_2和Q_A相连，先构成十二进制形式，由低三位$Q_C Q_B Q_A$输出构成输出序列的六进制计数器，输出序列为000、001、010、011、100、101、110，即十进制的0—1—2—3—4—5循环计数序列。

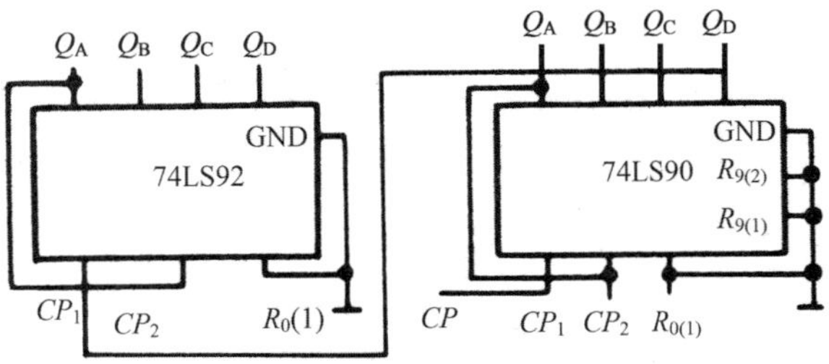

图2.14　74LS92和74LS90构成六十进制计数器

4. 译码驱动及显示单元

计数器实现了对时间的累计，以8421BCD码形式输出，为了将计数器输出的8421BCD码显示出来，需用显示译码电路将计数器的输出数码转换为数码显示器件所需要的输出逻辑和一定的电流，一般这种译码器通常称为七段译码显示驱动器。

本设计使用的是CD4511，它是用于驱动共阴LED显示器的BCD8421码七段译码器。本设计中用了4个CD4511，可分别显示0.1～0.9秒，00～59秒，0～9分计时。

五、实验任务

实验时，应按照实验任务的次序，将各单元电路逐个进行接线和调试，即分别测试基本RS触发器、单稳态触发器、时钟发生器及计数器的逻辑功能，待各单元电路工作正常后，再将有关电路逐级连接起来进行测试……直到测试电子秒表整个电路的功能。

这样的测试方法有利于检查和排除故障，保证实验顺利进行。

1. 将IC_4接成五进制计数器。R_0（1）（即B点）接地，CKB接1 Hz的TTL信号，输出Q_D～Q_B接实验板上译码显示输入端C、B、A，将译码显示电路LED的值记入表2.4中。

表2.4　五进制计数器实验电路测试表

时钟*CP*	1	2	3	4	5	6
LED显示值						

2. 将IC_5接成8421BCD码十进制计数器。CKA接1 Hz的TTL信号，将译码显示电路LED的值记入表2.5中。

表2.5　十进制计数器实验电路测试表

时钟*CP*	1	2	3	4	5	6	7	8	9	10	11
LED显示值											

3. 将IC_5、IC_6接成二十进制计数器，画出实验电路连接图。CKA接1Hz的TTL信号，将译码显示电路LED的值记入表2.6中。

表2.6　二十进制计数器实验电路测试表

时钟*CP*	1	2	3	4	5	6	7	…	…	15	16	17	18	19	20	21
LED显示值																

4. 用IC_7构成六进制计数器，计数序列为0，1，2，3，4，5。将IC_7先接成十二进制形式，CKA接1 kHz的TTL信号，用示波器测试并观察其输出六进制（Q_C、Q_B、Q_A）的波形，记录*CP*和输出波形（如图2.15所示）及其幅度和周期。

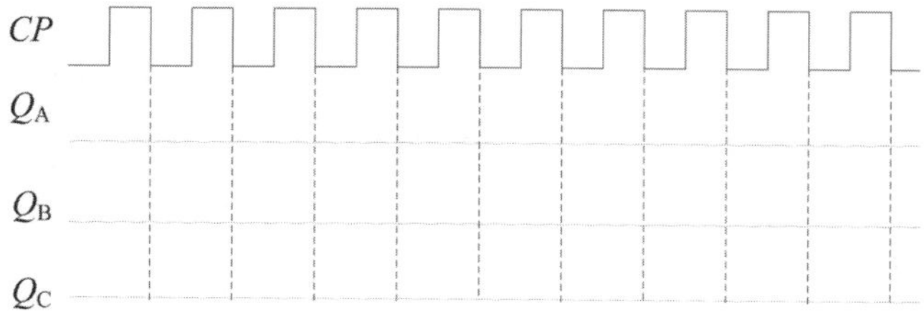

图2.15　六进制计数器波形图

5. 将计数器IC_6、IC_7级联成六十进制计数器，CKA接1 Hz的TTL信号，将译码显示电路LED的值记入表2.7中。

表 2.7 六十进制计数器实验电路测试表

时钟 CP	1	2	…	…	31	32	…	…	41	42	…	…	51	52	…	…	59	60	61	62
LED 显示值																				

六、常见问题与解决方法

异步计数器实验演示

现象 1：计数器有计数脉冲输入但不计数，始终显示 0。

解决方法：统一清零端即 B 点要接地，否则电路一直处于清零状态。

现象 2：五进制计数器已开始工作，但 LED 始终显示 8 字形，不能显示 0～5。

解决方法：输入时钟频率太高，应改为 1 Hz。

现象 3：六进制计数器输出显示不正确。

解决方法：计数器输出只看 Q_A、Q_B、Q_C，Q_D 不用接。

七、思考题

异步计数器 74LS90/92 有没有专门的进位信号输出端？两片 74LS90 级联时，高位片和低位片应如何连接？

2.2.2 设计性实验

用异步计数器 74LS90/92 实现多种进制的异步计数器。

自行设计并画出实现以下各种进制的异步计数器的电路。输入时钟接 1 Hz 的 TTL 信号，输出结果用发光二极管指示灯或译码显示电路 LED 显示，自拟表格观察记录其输出结果。

要求：只能用实验底板上的一片 74LS90/92 或两片 74LS90/92 实现电路，不能再用其他逻辑门。

例如：①二位二进制计数器；②十二进制计数器；③二十五进制计数器；④三十进制计数器；⑤五十进制计数器；⑥一百进制计数器等。

例：用实验底板上的 IC_6 和 IC_5 构成 8421BCD 码二位二进制计数器，其中 IC_6 为高位，IC_5 为低位，要求用两位数码管显示结果，结果应为：00-01-10-11。

分析：要用两片 74LS90 在底板上实现二位二进制计数器，低位片显示 0～1，需要一个二进制计数器；高位片显示 0～1，也需要一个二进制计数器。计数时须将两片 74LS90 的清零端接地。时钟 CP 从低位片 CKA 端加入，Q_A 计数到 1→0 时，驱动高位片开始计数。计数器输出要在 LED 上显示 0 或 1，只用接 CD4511 的 A 端。未用的高三位 D、C、B 应接地。但由于底板上 LED 输入悬空时即置为低电平，故 D、C、B 可不接。

附：电子秒表实验底板电路图如图 2.16 所示，电子秒表实验底板实物图如图 2.17 所示。

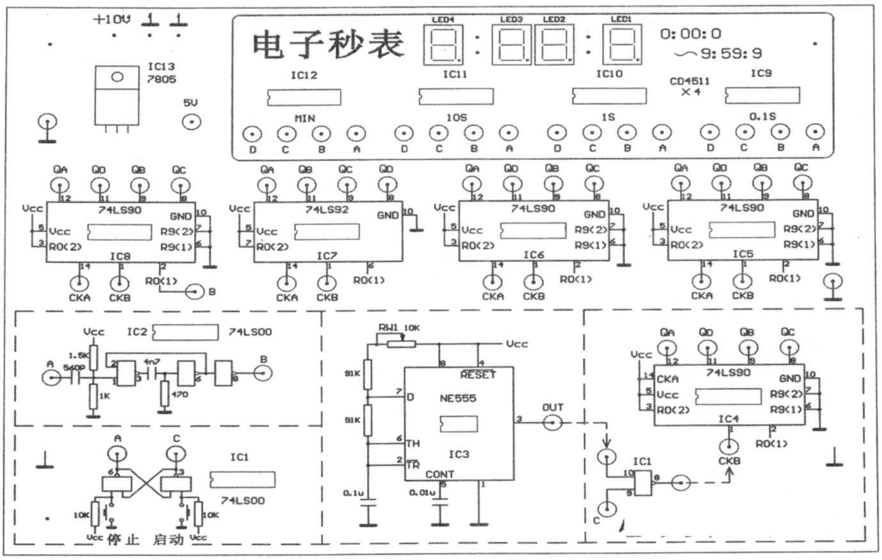

图2.16　电子秒表实验底板电路图

注：此图中的CKA即原理图中的CP_1，CKB即原理图中的CP_2。

图2.17　电子秒表实验底板实物图

2.3 实验三 555集成定时器的应用1

2.3.1 基础实验

一、实验目的

1. 掌握555定时器的工作原理，熟悉555时基电路逻辑功能的测试方法。
2. 掌握用555定时器构成多谐振荡器的原理和方法。
3. 了解定时器555的实际应用。

二、实验仪器与器材

1. 双踪示波器一台。
2. 低频信号源一台。
3. 直流稳压电源一台。
4. 万用表一只。
5. 元器件：NE555、CC4017等。
6. “555的应用”实验底板一块、导线若干、其他相关元器件。

三、预习要求

1. 学习有关555集成定时器的内部组成结构及工作原理。
2. 了解555定时器各引脚及其功能，以及主要技术参数。
3. 掌握555定时器的基本应用电路的工作原理。
4. 阅读教材中有关多谐振荡器的内容。
5. 回答预习思考题

（1）根据555定时器的逻辑结构图和功能表判断，若TH端接小于比较器A_1同相输入端电压的直流信号、$\overline{TR}$端接小于比较器A_2反相输入端电压的直流信号，$\overline{R_d}$端接高电平，则输出是什么电平？

（2）在555定时器的逻辑结构图中，基本RS触发器的两个输入端$\overline{R}$、$\overline{S}$分别为什么电平时触发器才翻转？$\overline{R}$、$\overline{S}$端可否同时为低电平？说明其原因。

四、实验原理

555定时器是一种集模拟电路和数字电路于一身的集成电路，能以简单的方式与数字集成电路直接相连，中间无须转换，被广泛应用于家用电器、科研、仪表、儿童玩具、安全防护等方面。其产品有双极型和CMOS型两类，两者的电路工作性能基本相同，CMOS型电路具有更高的输入阻抗。按集成电路内部定时器的个数又可分为单定时器和双定时器；双极型单定时器电路的型号为555，双定时器电路的型号为556，其电源电压的范围为5～18 V。CMOS单定时器电路的型号为7555，双定时器电路的型号为7556，将四个定时器电路集成在一个芯片上的四定时器电路的型号为7558，其电源电压的范围为2～18 V。CMOS型定时器的最大负载电流要比双极型的小，两种类型的定时器管脚号及其功能均一致。

双极型和CMOS型的555电路在组成结构上有一些区别，下面以双极型单定时器

555芯片为例介绍其电路组成及其功能。

（一）双极型555定时器的电路结构及其功能

图2.18是555定时器内部电路结构框图，图2.18（a）中1～8是引脚号，图2.17（b）为555定时器外引脚图。555定时器的内部电路可分为5个部分，分别是：由三个电阻组成的分压器，两个电压比较器A_1与A_2、一个基本RS触发器、一个放电三极管T、一个反相器G。组成分压器的三个电阻的阻值均为5 kΩ，“555”由此得名。比较器A_1的参考电压为$\frac{2}{3}V_{cc}$，加在A_1的同相输入端；比较器A_2的参考电压为$\frac{1}{3}V_{cc}$，加在A_2的反相输入端，这两个参考电压决定了555电路输入端的特性。比较器A_1、A_2的输出端分别接基本RS触发器的输入端$\overline{R}$、$\overline{S}$，基本RS触发器的输出Q的输出电平与555定时器的输出一致。反相器G_3的作用是提高负载能力，并隔离负载对555定时器的影响，这个特性使555定时器可以直接驱动小型继电器和扬声器。

555内部电路和功能表

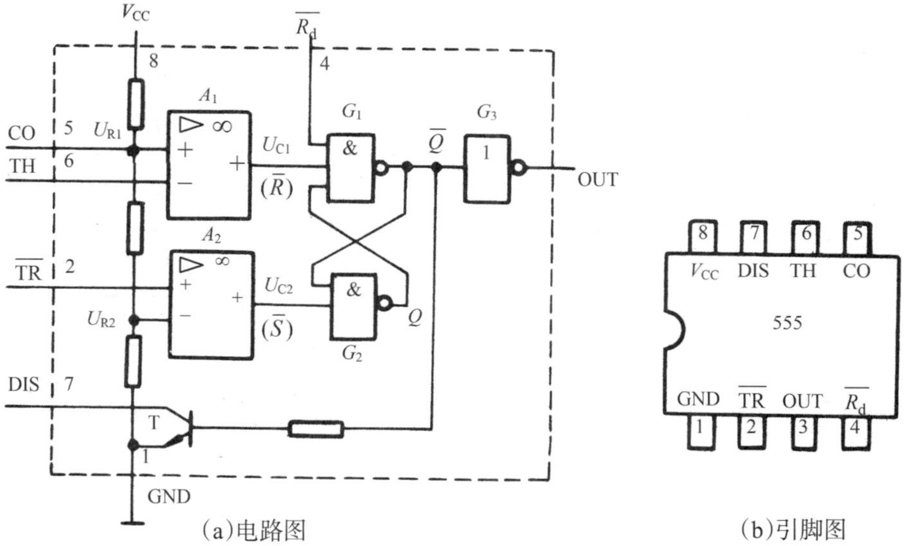

(a)电路图　　(b)引脚图

图2.18　555逻辑电路图和引脚图

555定时器各引脚功能如下。

引脚1（GND）为接地端。

引脚2（$\overline{TR}$）为低触发输入端，由此输入触发脉冲时，为低电平触发。在管脚5不外加电压的情况下，当输入电压$\overline{TR}$高于$\frac{1}{3}V_{CC}$时，比较器A_2输出1；当输入电压$\overline{TR}$低于$\frac{1}{3}V_{CC}$时，比较器A_2输出0，使基本RS触发器置1，此时555定时器输出也为1。

引脚3（OUT）为输出端，输出电流一般为50 mA，最大电流可达200 mA，可直接驱动小型继电器、发光二极管、指示灯、扬声器等。输出高电压低于电源电压1～3 V。

引脚4（$\overline{R_d}$）为直接复位端，低电平有效，通常情况下，应为高电平。

引脚5（CO）为电压控制端，若在该端外加一个电压，就可改变比较器的参考电压，高、低触发端的触发电压也随之改变。此端不用时，一般经0.01 mF的电容接地，以提高比较器参考电压 U_{R1} 和 U_{R2} 的稳定性。

引脚6（TH）为高触发输入端，由此输入触发脉冲时，为高电平触发。在管脚5不外加电压的情况下，当TH端输入电压低于 $\frac{2}{3}V_{CC}$ 时，比较器 A_1 输出1；当TH端输入电压高于 $\frac{2}{3}V_{CC}$ 时，比较器 A_1 输出0，使基本RS触发器置0，则此时555定时器输出也为0。

引脚7（DIS）为放电端，当555定时器输出为1，即基本RS触发器的输出 Q=1，$\overline{Q}$=0时，三极管T截止；定时器输出为0，即 Q=0，$\overline{Q}$=1时，三极管T导通，外接电容即可通过三极管T放电。

引脚8（V_{CC}）为电源端。

555定时器的功能表见表2.8所列。

表2.8　555定时器的功能表

TH	$\overline{TR}$	$\overline{R_d}$	OUT	DIS
×	×	0	0	导通
$>\frac{2}{3}V_{CC}$	$>\frac{1}{3}V_{CC}$	1	0	导通
$<\frac{2}{3}V_{CC}$	$>\frac{1}{3}V_{CC}$	1	保持	保持
$<\frac{2}{3}V_{CC}$	$<\frac{1}{3}V_{CC}$	1	1	截止

（二）555定时器的主要技术参数

555时基电路分为双极型和CMOS型两种，两种电路参数的差别在使用时应注意如下几点。

1. 电源电压和静电电流

双极型的555电路的电源电压一般为4.5～6 V，CMOS型的555电路的电源电压一般为3～18 V。

静态电流是555空载时的消耗电流，与电路的测试条件有关。在电源电压为15 V时，双极型的555电路的静态电流为10 mA，而CMOS型的555电路的静态电流为0.12 mA，可见CMOS型的555电路的静态电流相对要小得多，在电源电压相同的情况下，CMOS型的555电路的静态功耗也大大低于双极型。

2. 驱动电流

驱动电流是指555电路驱动负载时的工作电流，也称为负载电流。根据555电路的输出状态和与负载的连接方式，可以分为拉电流和灌电流两种负载的驱动方式。对于双极型的CB555电路，两者的电流最大值均为200 mA；对于CMOS型的CB555电路，灌电流为5～20 mA，拉电流为1～5 mA，电流大小与工作电源有关。

3. 最高工作频率

最高工作频率是指555电路用作振荡器使用时，输出脉冲所能达到的频率。多数555电路的最高工作频率约为500 kHz。

4. 放电电流

555电路在用作单稳态电路或者振荡器电路时，7脚的外接电容要随时充放电，当电容放电时，流过放电管的电流为放电电流。对于双极型的CB555，放电电流不大于200 mA；对于CMOS型的CB555，放电电流为10～50 mA，电流大小与工作电源有关。

（三）555定时器使用的主要注意事项

1. 如果555集成电路的质量不好，例如高频特性差，则当作振荡器使用时，工作频率超过10 kHz就可能停振；若静态电流太大，会造成静态功耗的增大。

2. 555内部的比较器能响应20 ns的脉冲，为了能有效防止外部干扰所造成的误动作，其5脚对地应接0.01 mF的去耦电容，并应安装在引脚最近处。在较高要求时，在直流电源引入线大于10 cm时，在8脚对地也应安装去耦电容。

3. 触发脉冲的作用可使2脚被驱动至充分接地，使A_2比较器的存储时间可达10 ms，这种作用使单稳脉冲的宽度最小值，通常单稳脉冲的宽度最小值不小于10 ms。

4. 复位端4脚到输出的延迟时间典型值为0.47 ms，所以复位脉冲宽度必须大于等于0.3 ms。

5. 555电路的7脚是集电极开路输出端，使得门电路的并接成为可能。555电路与TTL电路兼容，但高速使用时需注意内部的延时作用。

（四）555的典型应用电路（多谐振荡器）

1. 多谐振荡器的特点：多谐振荡器没有稳定状态，只有两个暂稳态；通过电容的充电和放电，使两个暂稳态相互交替，从而产生自激振荡，无须外触发；输出周期性的矩形脉冲信号，由于含有丰富的谐波分量，所以称为多谐振荡器。

555电路组成的多谐振荡器用途十分广泛，其产生的矩形脉冲可以作为数字电路的时钟脉冲信号源、电源变换器的交流信号源，产生长周期脉冲时还可作为定时器的时基信号源等。

2. 如图2.19（a）所示，由555定时器和外接元件R_1、R_2、C组成多谐振荡器，脚2与脚6直接相连，通过电容C接地。电路没有稳态，仅存在两个暂稳态，电路亦不需要外加触发信号，利用电源通过R_1、R_2向C充电，以及C通过R_2向放电端放电，使电路产生振荡。

555构成多谐振荡器

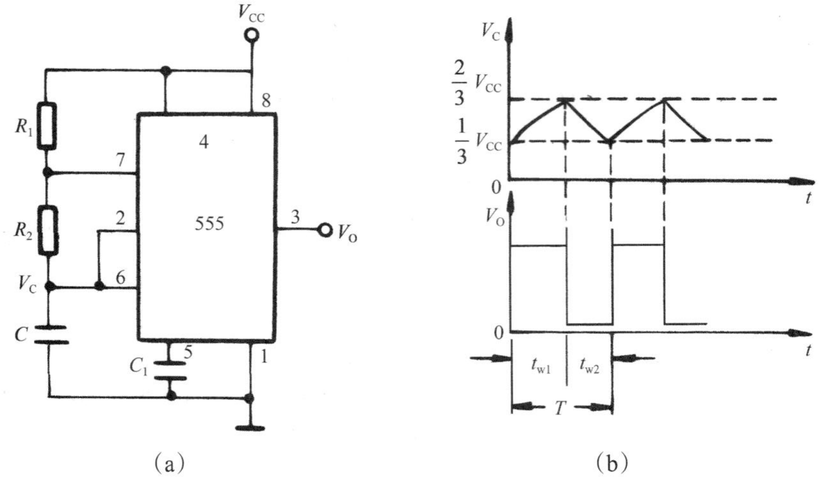

图2.19　多谐振荡器

3. 多谐振荡器工作过程如下

接通电源时，电容C的初始电压$V_c=0$，这时$\overline{R}=1$，$\overline{S}=0$，555定时器输出V_0为高电平，三极管T截止，电源经R_1、R_2开始对电容C充电。电容上的电压开始升高。

当$V_c>\frac{2}{3}V_{cc}$时，$\overline{R}=0$，$\overline{S}=1$，定时器输出V_0为低电平，三极管T导通，电容C经R_2和三极管T放电。电容上的电压开始下降。

当$V_c>\frac{1}{3}V_{cc}$时，又使$\overline{R}=1$，$\overline{S}=0$，定时器输出V_0为高电平，三极管T截止，电源经R_1、R_2开始对电容C充电。

如此周而复始，输出矩形脉冲序列，在图2.19（b）中，给出了相应的输出波形，t_{W1}是电容C从$\frac{1}{3}V_{CC}$充电至$\frac{2}{3}V_{CC}$所需的时间，t_{W2}是电容C从$\frac{2}{3}V_{CC}$放电至$\frac{1}{3}V_{CC}$所需的时间。注意：此图中的电容端电压V_c忽略了电容的电压由0 V开始充电到$\frac{1}{3}V_{CC}$的初始充电时间。起振后的周期为T，由t_{W1}和t_{W2}构成，由于充电电阻为R_1+R_2，相应的充电时间常数为（R_1+R_2）C；放电电阻约为R_2，相应的放电时间常数为R_2C，因此此电路的充放电时间常数是不相等的，输出的波形是占空比大于50%的矩形波。若想输出方波，此电路则不能满足要求。只有将充电、放电回路分开，则才可以产生不同占空比的矩形波。

图2.19输出信号的周期：

$$T=t_{W1}+t_{W2}$$
$$t_{W1}=\ln 2(R_1+R_2)C=0.7(R_1+R_2)C$$
$$t_{W2}=\ln 2R_2C=0.7R_2C$$

输出信号的占空比：

$$q=\frac{t_{W1}}{T}=\frac{t_{W1}}{t_{W1}+t_{W2}}=\frac{R_1+R_2}{R_1+2R_2}$$

外部元件的稳定性决定了多谐振荡器的稳定性，555定时器配以少量的元件即可获得较高精度的振荡频率和具有较强的功率输出能力。因此，这种形式的多谐振荡器常用作时钟脉冲发生器。

五、实验任务

用555定时器构成多谐振荡器。

（1）按图2.19（a）连接电路，取$R_1=R_2=100\ \text{k}\Omega$，$C_1=0.01\ \text{mF}$，$C=0.01\ \text{mF}$。用双踪示波器分别观察并记录$V_C$、$V_O$波形，注意记录各输出电压幅值和输出波形的周期。

（2）改变$C=0.1\ \text{mF}$或改变电阻$R_1=R_2=10\ \text{k}\Omega$。分别测试输出信号的频率和占空比，记录相应数据于表2.9中。

多谐振荡器
实验内容

表2.9　R、C参数变化测试表

电阻	电容	频率	占空比
$R_1=R_2=100\ \text{k}\Omega$	$C=0.1\ \text{mF}$	$f=$	$q=$
$R_1=R_2=100\ \text{k}\Omega$	$C=0.01\ \text{mF}$	$f=$	$q=$
$R_1=22\ \text{k}\Omega, R_2=10\ \text{k}\Omega$	$C=0.01\ \text{mF}$	$f=$	$q=$

多谐实验操作

六、常见问题与解决方法

现象：不理解电路板上各芯片的供电电压是6 V。

解决方法：电路板的供电电压是10 V，经过7806三端稳压器稳压为6 V后，作为电路板上555集成芯片的供电电源电压。

七、思考题

1. 555定时器，CO端为电压控制端，当悬空时，触发电平分别为多少？当接固定电平V_{CO}时，触发电平分别为多少？

2. 对于本次实验中用555定时器构成的多谐振荡器，其振荡周期和占空比的改变与哪些因素有关？若只需改变周期，而不改变占空比，应调整哪个元件参数？

3. 对于本次实验中用555定时器构成的多谐振荡器电路，若实现其输出矩形波的振荡频率约为300 Hz，占空比约为60%，应如何选择外接元件R和C？

2.3.2　设计性实验

1. 电子彩灯树电路

要求：利用集成定时器555设计频率可调的时钟信号，使电子彩灯树上的灯按照时钟周期闪烁。

应用NE555构成的多谐振荡器可以实现频率可调的脉冲信号发生器作为时钟信号，原理图如图2.20所示。

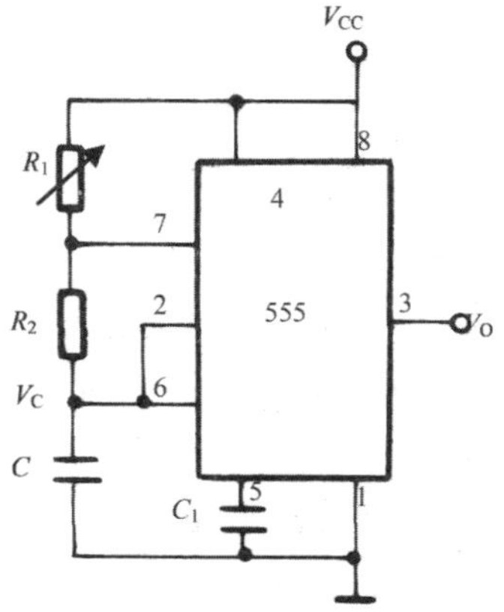

图2.20　频率可调的多谐振荡器

CD4017是一个集成的十进制计数器，在正常工作状态下，随着时钟信号的周期，其输出依次为高电平。将彩灯分组接成彩灯树图形摆放，用CD4017的不同输出端分别控制不同组彩灯的亮灭，即可实现设计。具体电路如图2.21所示。下面是对图2.21电子彩灯树电路的工作过程说明。

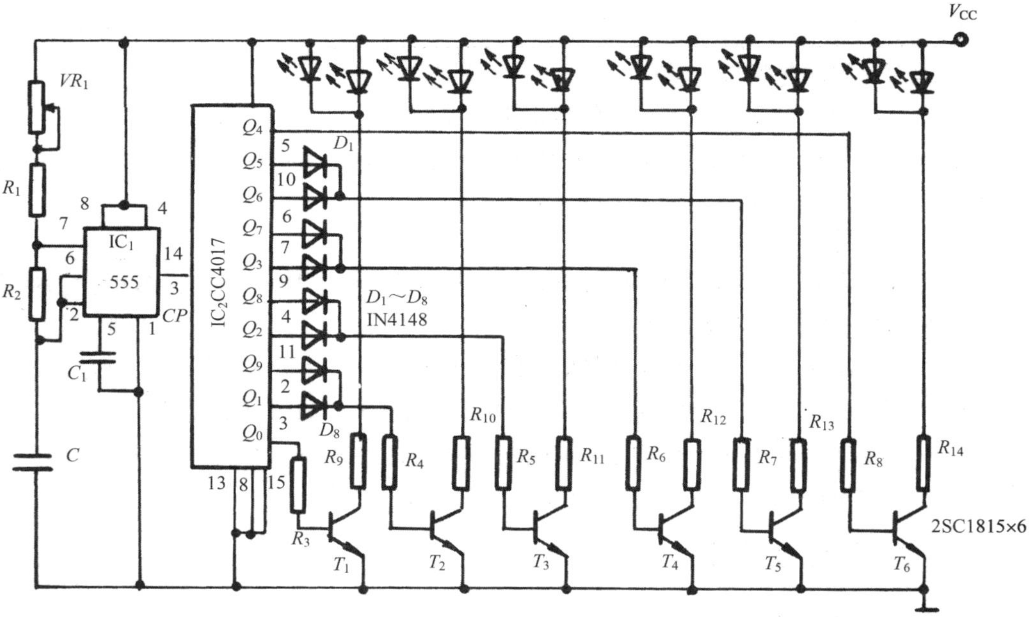

图2.21　电子彩灯树电路

电子彩灯树电路由时钟脉冲产生器、脉冲分配器电路和驱动显示电路组成。

时钟脉冲产生器由555定时器和R_1、R_2、VR_1及C组成，它的输出为IC_2的计数脉冲，IC_2采用十进制计数器/脉冲分配器CD4017。16脚接电源，8脚接地，可在3～18 V电压下工作。14脚是时钟脉冲输入端，13脚是输入时钟脉冲控制端，一般接低电平，若接高电平会令14脚暂停作用。15脚是置零端，一般接低电平，若接高电平则使输出置零。每当时钟脉冲上升到达时使CD4017输出脚Q_0～Q_9依次输出高电平脉冲，脉冲宽度为时钟周期，利用此脉冲信号将对应 T_1～T_6 依次饱和导通，则对应的各路发光二极管依次点亮，漂亮的彩灯树就呈现在我们的眼前。

2. 数字定时器

（1）利用555定时器设计一个数字定时器，每启动一次，电路即输出一个宽度为10 s的正脉冲信号，搭接电路并测试其功能。

（2）利用555定时器设计一个十分频器，输入频率为1 kHz的脉冲信号。

（3）模拟声响电路。按图2.22接线，组成两个多谐振荡器，调节定时元件，使Ⅰ输出较低频率，Ⅱ输出较高频率，连好线，接通电源，试听音响效果。调换外接阻容元件，再试听音响效果。

（4）参考电路图如图2.22所示。

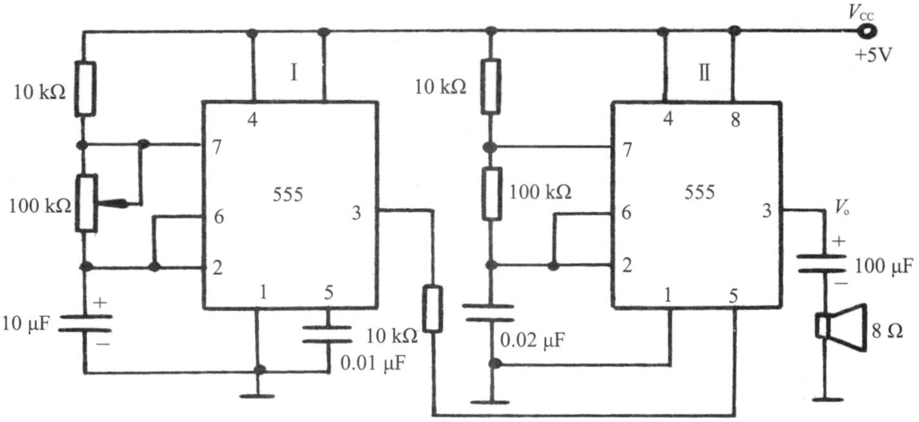

图2.22　模拟声响电路

附：555实验底板电路图如图2.23所示，555实验底板实物图如图2.24所示。

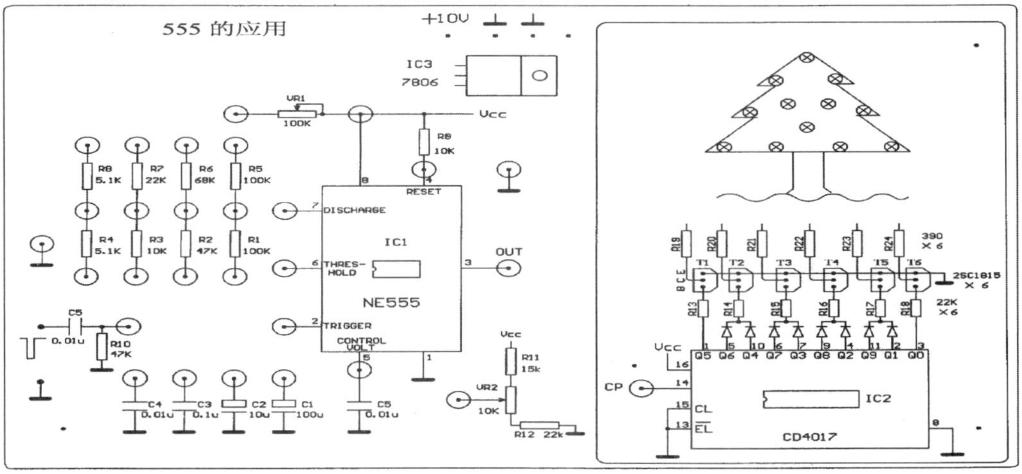

图2.23　555实验底板电路图

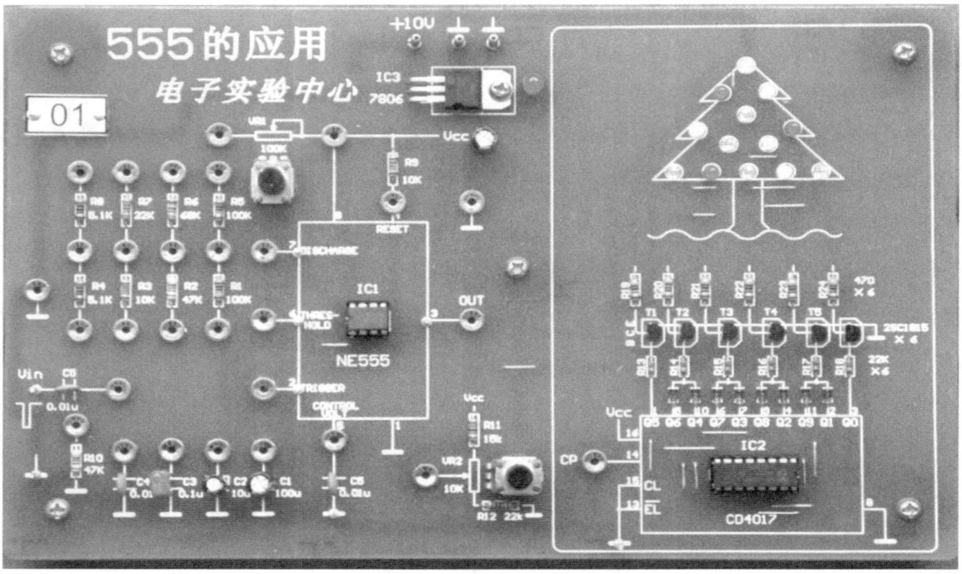

图2.24　555实验底板实物图

2.4　实验四　555集成定时器的应用2

一、实验目的

1. 熟悉555时基电路逻辑功能的测试方法。

2. 掌握用555定时器构成单稳态触发器、施密特触发器的原理和方法。

3. 了解定时器555的实际应用。

二、实验仪器与器材

1. 双踪示波器一台。

2. 低频信号源一台。

3. 直流稳压电源一台。

4. 万用表一只。

5. 元器件：NE555等。

6. “555的应用”实验底板一块、导线若干、其他相关元器件。

三、预习要求

1. 了解555定时器各引脚及其功能，以及主要技术参数。

2. 掌握555定时器的基本应用电路的工作原理。

3. 阅读教材中有关单稳态触发器和施密特触发器的内容。

4. 了解555定时器的实际应用电路。

5. 回答预习思考题

（1）使555定时器输出低电平为0有几种方法？举例说明至少两种方法。

（2）分析图2.25电路的输出与电路参数的关系。若输入信号V_i为100 Hz的TTL信号，C为0.1 mF，R为1 kΩ，则输出波形为何种形式？又将V_i频率改为

1 MHz，则输出波形又为何种形式？

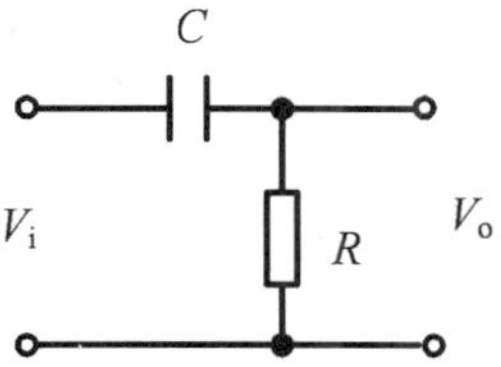

图2.25　阻容耦合电路或微分电路

四、实验原理

1．555定时器构成单稳态触发器

单稳态电路是指电路只有一个稳定状态，另一个状态为不稳定状态，或称为暂稳定状态。当用信号触发时，使它进入暂稳态，经过一定时间后又自动恢复成稳态。

单稳态触发器和施密特触发器的特点　用555定时器实现单稳态触发器

如图2.26（a）所示为由555定时器和外接定时元件R、C构成的脉冲启动式单稳态触发器。将电路的6脚、7脚连在一起接入RC电路，将2脚单独用作启动端，电路的启动过程是将一个负脉冲作为触发信号加在2脚上，因此称为脉冲启动式单稳态触发器。此电路的稳态为“0”，暂态为“1”。

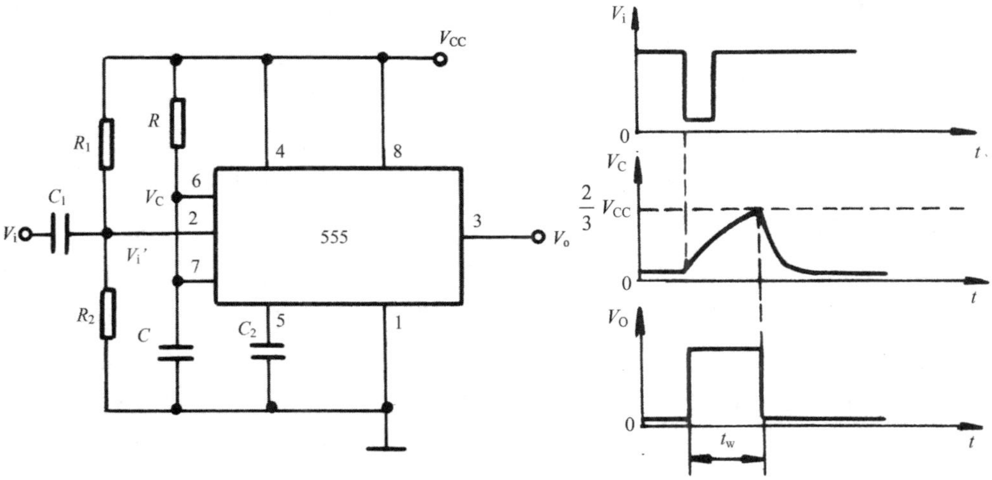

（a）　（b）

图2.26　单稳态触发器

其工作过程如下：

输入端电路由C_1、R_1、R_2组成，适当选取R_1、R_2，接通电源，未加触发信号时，$V_i' > \frac{1}{3}V_{CC}$，这时$\overline{S}=1$。若触发器初始状态为0，则三极管T导通，$V_C \approx 0$，$\overline{R}=1$，电路处于稳态，输出$V_o=0$，输出V_o为低电平。若触发器初始状态为1，则三极管T截止，V_{CC}经电阻R对电容C充电。当$V_c > \frac{2}{3}V_{CC}$时，$\overline{R}=0$，使触发器输出$Q=0$，$\overline{Q}=1$，

三极管T迅速放电，$\overline{R}=1$，电路进入稳态，输出V_o为低电平。也就是说，无论触发器状态如何，未加触发脉冲时，电路始终为稳态，使输出V_o为低电平。

当负脉冲触发信号在2脚出现时，使$V_i' > \frac{1}{3}V_{CC}$，使$\overline{S}=0$，触发器置1，输出V_o为高电平，三极管T截止，电容C开始充电，电路进入暂稳态。当充电一定时间后电容电压上升到$V_c > \frac{2}{3}V_{CC}$时（电路上，需保证在此之前，V_i'已提前回到了超过$\frac{1}{3}V_{CC}$，$\overline{S}=1$的情况），$\overline{R}=0$，使触发器输出Q=0，$\overline{Q}=1$，三极管T迅速放电，$\overline{R}=1$，电路自动回到稳态，输出V_o为低电平。

图2.26（b）为该单稳态触发器的工作波形。暂稳态持续的时间t_W就是电容C从0充电至$\frac{2}{3}V_{CC}$所需的时间，由外接电阻、电容的大小决定。RC电路零状态响应为

$$V_c = V_{CC}\left(1-e^{-\frac{t_W}{\tau}}\right)$$

式中：$\tau = RC$。

将$V_c > \frac{2}{3}V_{CC}$代入上式，可得脉冲宽度

$$t_w = RC\ln\frac{V_{CC}}{V_{CC}-\frac{2}{3}V_{CC}} = RC\ln 3 = 1.1RC$$

调整外接电阻R、电容C的值，可调整输出的正脉冲宽度t_W，从而可用于定时控制，直接驱动小型继电器。并且，可以使用复位端（4脚）接低电平的方法来中止暂态，重新计时。注意：图2.26中，暂稳态持续的时间t_W是电容的放电时间，图中显示出了放电的过程，实际上由于放电时间常数是由电容C和非常小的放电管导通电阻的乘积决定的，但放电时间非常短，所以可以忽略不计。在实际测量中会看到电容上的电压直接由$\frac{2}{3}V_{CC}$变为0 V。

单稳态触发器分为不可重复触发的单稳态触发器和可重复触发的单稳态触发器。不可重复触发的单稳态触发器在暂稳态期间，外界的触发信号不再起作用，只有在暂稳态结束后，才能接收触发信号。可重复触发的单稳态触发器，在电路的暂稳态期间，加入一个新的触发脉冲，会使暂稳态延续。如果下一个触发脉冲与新触发脉冲的时间间隔超过暂稳态持续时间t_W，那么，延续的时间为原触发脉冲与新触发脉冲的间隔时间。否则，暂稳态会一直延续下去，直到后一个触发脉冲与前一个触发脉冲相距的时间间隔超过暂稳态持续时间t_W，电路才返回稳态。

图2.26中所示的电路，当电路被触发进入暂态后，对触发端2脚再加入触发脉冲，电路也不会发生任何状态的改变，所以是不可重复触发的单稳态触发器。

图2.26中所示的电路，输入端电路由C_1、R_1、R_2组成了微分电路，它将输入的触发脉冲V_i微分后加入电路的触发端2脚，对电路的输入端加上低电平后，微分电路将V_i变为窄脉冲V_i'，将电路触发完后2脚电压很快发生翻转变为高电平，使电路的触发更可靠。使用时需注意对微分电路参数的选择，微分电路可把矩形波转换为尖脉冲波，即只有输入波形发生突变的瞬间才有输出，而对恒定部分则没有输出。输出的

尖脉冲波形的宽度与$R×C$有关（即电路的时间常数），$R×C$越小，尖脉冲波形越尖；反之则宽。此电路的$R×C$必须远远少于输入波形的宽度，否则就失去了波形变换的作用，变为一般的RC耦合电路了，一般$R×C$小于或等于输入波形宽度的1/10就可以了。

2. 555定时器构成施密特触发器

施密特触发器电路如图2.27（a）所示，只要将脚2、6连在一起作为信号输入端，即得到施密特触发器。施密特触发器是双稳态电路的一种。它通过不同的触发电平使输出端发生翻转。

用555实现施密特触发器

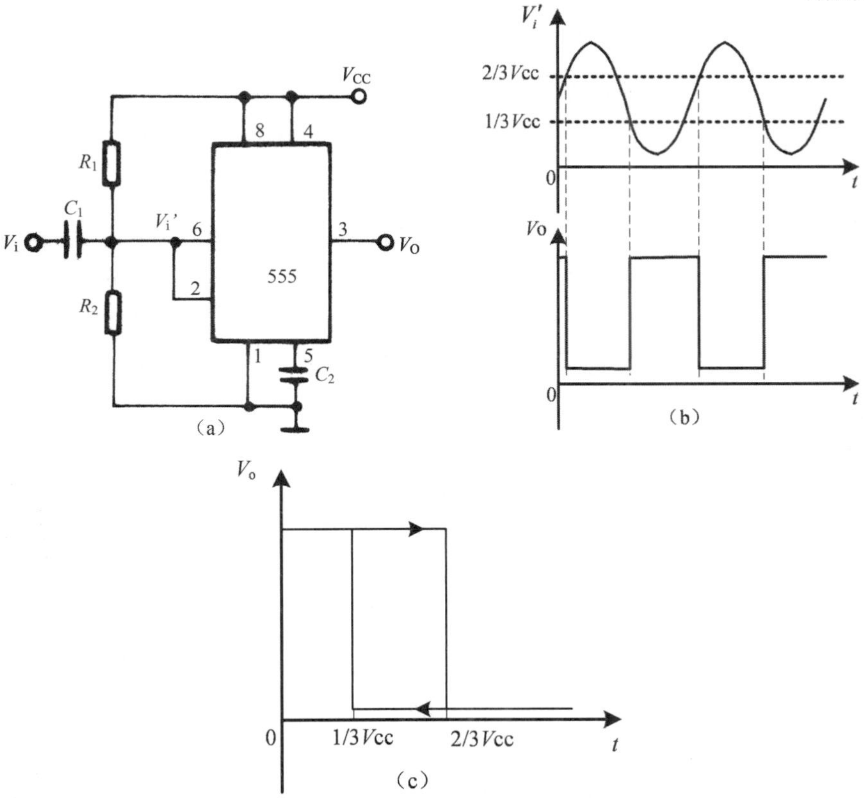

图2.27　施密特触发器

为了提高触发灵敏度，电路中引入R_1、R_2和C_1。注意：此处R_1、R_2和C_1起到的作用是阻容耦合电路，将输入信号中的直流成分滤去，为输入交流信号重新叠加一个直流成分后再送入施密特触发器电路的输入端2脚和6脚，即V_i'端。

设被整形变换的电压为正弦波V_i，经C_1、R_1、R_2加到555定时器的2脚和6脚变为信号V_i'。其工作过程如下：

当V_i'从小于$\frac{1}{3}V_{CC}$增加到$\frac{1}{3}V_{CC}$的过程中，输出V_o为高电平；

当V_i'从$\frac{1}{3}V_{CC}$增加到$\frac{2}{3}V_{CC}$的过程中，输出V_o保持不变，仍为高电平；

当 V_i' 大于上限触发电平 $V_{TH}=\frac{2}{3}V_{CC}$ 时，输出翻转为低电平；

当 V_i' 从 $\frac{2}{3}V_{CC}$ 继续上升至最大值，然后再减少到 $\frac{1}{3}V_{CC}$ 的过程中，输出 V_o 保持不变，仍为低电平；

当 V_i' 降至 $\frac{1}{3}V_{CC}$ 以下时，输出 V_o 又翻转为高电平。

也就是说，V_i' 在增加过程中达到上限，而在 V_i' 减少过程中必须达到下限触发电平 $V_{TL}=\frac{1}{3}V_{CC}$ 时，触发器的状态才发生变化。可见施密特触发器有两个阈值电平 $V_{TH}=\frac{2}{3}V_{CC}$，$V_{TL}=\frac{1}{3}V_{CC}$。如图2.27（b）所示为输入、输出信号波形。

电路的电压传输特性曲线如图2.27（c）所示。

上限触发电平、下限触发电平之差称为回差电压 ΔV 。则

$$\Delta V=\frac{2}{3}V_{CC}-\frac{1}{3}V_{CC}=\frac{1}{3}V_{CC}$$

若要对输出信号进行电平转换，可利用放电端DIS作为输出端。在555定时器的电压控制端（管脚5）外接一电源，可改变上限触发电平值、下限触发电平值和回差电压。

施密特触发器的抗干扰能力强，常用于整形、幅度鉴别、波形转换、电平转换等。

五、实验任务

1. 用555定时器构成单稳态触发器

按图2.26（a）连接电路，取 $R_1=R_2=5.1\ \text{k}\Omega$，$R=100\ \text{k}\Omega$，$C=0.01\ \text{mF}$，$C_1=0.01\ \text{mF}$。输入频率为500 Hz的TTL信号，用双踪示波器分别观察并记录 V_i、V_i'、V_C、V_O 的波形，在图中标出周期、幅值、脉宽等。

用555实现的单稳态触发器测试

2. 用555定时器构成施密特触发器

按图2.27（a）电路接线，取 $R_1=R_2=100\ \text{k}\Omega$，$C_1=C_2=0.01\ \text{mF}$。输入1 kHz的正弦波信号，逐渐加大 V_i 的幅度，用双踪示波器分别观察并记录一组 V_i'、V_o 波形（注意标明上限触发电平、下限触发电平以及幅度、周期）。

用555实现的施密特触发器测试

3.（选做）在电压控制端5外接3 V电压，在示波器上观察该电压对输出波形的脉宽、上限触发电平、下限触发电平、回差电压的影响。

六、常见问题与解决方法

现象1：单稳态电路输出出错。

解决方法：单稳态电路的输入信号选择要特别注意。V_i 的周期 T 必须大于 V_O 的脉宽 t_w，并且低电平的宽度要小于 V_O 的脉宽 t_w，否则电路不能正常工作。可以采用实验中加输入微分电路的方法将输入信号变为窄脉冲。

现象2：如图2.27所示的施密特电路无输出。

解决方法：电路的输入信号要合适，太小无输出。

现象3：在微分型单稳态触发器电路中，输入微分电路的输出不是输入信号的微分。

解决方法：请检查输入信号是否为TTL信号，并注意输入信号频率与输入微分电路参数的关系。

七、思考题

1. 本次实验中有555构成的单稳态触发器中，输入信号为什么选窄脉冲信号？输出波形的脉冲宽度与哪些因素有关？

2. 用555定时器组成的施密特触发器，当V_{CC}=12 V，电压控制端悬空时，V_{TH}、V_{TL}、ΔV各为多少？当V_{CC}= 10 V，电压控制端V_{CO}=8 V时，V_{TH}、V_{TL}、ΔV各为多少？

2.5　实验五　数据选择和译码显示

2.5.1　基础实验

一、实验目的

1. 掌握数据选择器的功能和应用方法。
2. 熟悉数码管的使用方法。
3. 掌握二进制译码器和七段显示译码器的功能和使用方法。
4. 学习中规模集成计数器的计数分频功能。
5. 掌握组成数码管动态显示的工作原理和设计方法。
6. 利用数据选择器和译码器等进行电路设计。

二、实验仪器与器材

1. 双踪示波器一台。
2. 函数发生器一台。
3. 直流稳压电源一台。
4. 数据选择和译码显示的实验底板一块。

三、预习要求

1. 认真阅读多路数据选择器、二进制译码器、七段显示译码器及同步计数器的相关资料，了解集成器件74LS153、CD4511、74LS139、74LS161的功能及使用方法。

2. 掌握多位数码管动态显示电路的原理。

3. 按设计任务要求，画出电路连接图及波形图，设计相应的实验步骤及实验表格。

4. 回答预习思考题

（1）数据选择器是组合逻辑电路还是时序逻辑电路？

（2）什么是BCD码？

（3）电路中数据选择器74LS153的地址输入端的作用是什么？

（4）译码器74LS139的输出是高电平有效还是低电平有效？

（5）同步计数器74LS161在计数时，使能端S_2和S_1应该如何连接？

四、实验原理

1. 数据选择器分时传输组成动态译码结构图如图2.28所示。

（1）用四路数据选择器从多路输入数据（BCD码）中选择其中1路送到输出端，由译码显示器驱动LED显示十进制数。四路数据由四个LED分别显示，由显示控制译码器控制选通，数据选择器和显示控制译码器由数据选通信号实现同步传输和显示。

（2）若用外来的数字信号，送至计数器CP端，将计数器输出Q_BQ_A（依次循环输出00、01、10、11）作为数据选择器的地址信号，则可使输出十进制数实现动态显示。

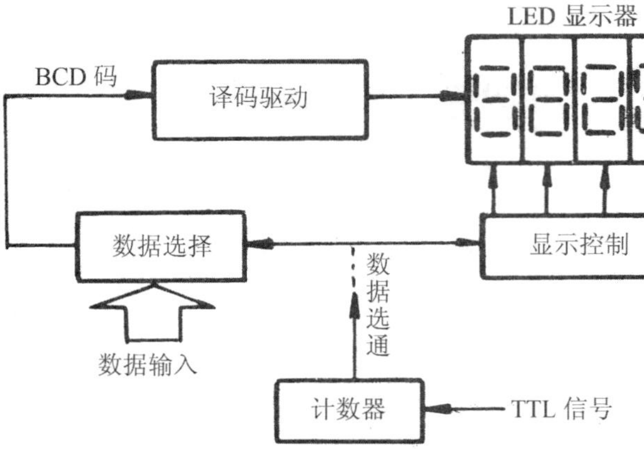

图2.28　数据选择器分时传输组成动态译码方框图

2. 四位数码管动态显示电路原理图如图2.29所示。

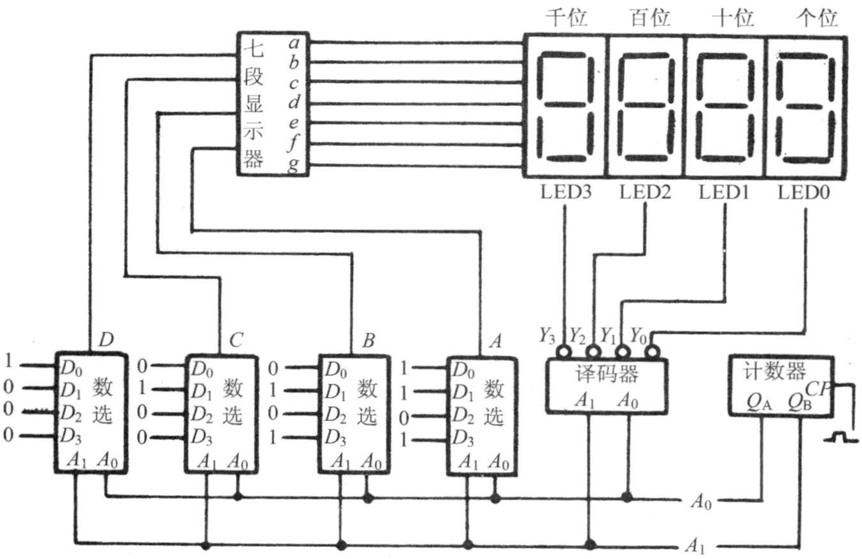

图2.29　四位LED动态显示电路

（1）利用数据选择器的分时传输功能，可分别传送四组8421BCD码，并进行译码显示。在静态显示电路中，一个数码管需要一个七段译码显示器，而利用数据选择器和显示控制译码器组成动态显示电路，则可实现若干个数码管共用一个七段译码显示器。

（2）用4个四选一（本实验使用的是两片双四选一74LS153）数选可组成一个四路数据选择器。四路8421BCD码连接如图2.29所示：每一路数据的个位数全送至数据选择器A的D_0～D_3位，十位数送选择器B的D_0～D_3位，百位数送选择器C的D_0～D_3位，千位数送选择器D的D_0～D_3位。当地址码为00时，数据选择器传送的是第一路8421BCD码（1001）；当地址码为01时，数据选择器传送的是第二路8421BCD码（0111）；当地址码为10时，数据选择器传送的是第三路8421BCD码（0000）；当地址码为11时，数据选择器传送的是第四路8421BCD码（0011），经七段译码驱动后就分别得到四路数据的七段显示码。被点亮的数码管受地址码A_1、A_0经2-4线译码器的输出控制。当A_1A_0=00时，Y_0=0，则对应第一路数据的数码管亮，其他以此类推，则对应第二到第四路数据的数码管亮。

（3）当接入计数器后，由CP端输入一定频率的TTL信号，输出端Q_B、Q_A分别接数据选择器和显示控制译码器的地址输入端A_1、A_0，由于Q_BQ_A端以00、01、10、11循环，故构成一个模4的计数器。当四个数码管以较高频率依次点亮时，由于人的视觉停留效果，看上去四个数码管都一直处于点亮的状态。

（4）用多位LED显示，一般采取动态扫描方式、分时循环显示，即多个发光管轮流交替点亮。这种方式是利用人眼的滞留现象，只要在1 s内一个发光管亮24次以上，每次点亮时间维持在2 ms以上，则人眼感觉不到闪烁，宏观上仍可看到多位LED同时显示的效果。动态显示可以简化硬件、降低成本、减小功耗。如图2.28所示是一个四位LED动态显示电路，七段驱动器输出LED字符七段代码信息，显示控制驱动器输出4个LED的位选通信号，即分时使Y_0～Y_3轮流有效，使得LED0～LED3轮流显示。

3. 模块功能介绍

（1）数据选择器。能够从来自不同地址的多路数字信息中任意选出所需要的一路信息作为输出的组合电路。数据选择器有多个输入和一个输出。其功能类似于单刀多掷开关，故又称为多路开关（MUX）。在控制端的作用下可从多路并行数据中选择一路传送输出端。数据选择器的主要用途是实现多路信号的分时传送、实现组合逻辑函数、进行数据的串—并转换等。

数据选择器和显示译码器

TTL中规模数据选择器，是根据多位数据的编码情况将其中一位数据由输出端送出去的电路。74LS153是双四选一数据选择器，其中有两个四选一数据选择器各有四个数据输入端，分别为$1D_3$、$1D_2$、$1D_1$、$1D_0$和$2D_3$、$2D_2$、$2D_1$、$2D_0$，一个输出端$1Y$、$2Y$和一个控制许可端S。选通控制端S为低电平有效。当控制许可端S=1时，传输通道被封锁，芯片被禁止，Y=0，输入的数据不能传送出去；当控制许可端S=0时，传输通道打开，芯片被选中，处于工作状态，输入的数据被传送出去。A_1、A_0是地址选择端，两路选择器公用。74LS153引脚图如图2.30所示。

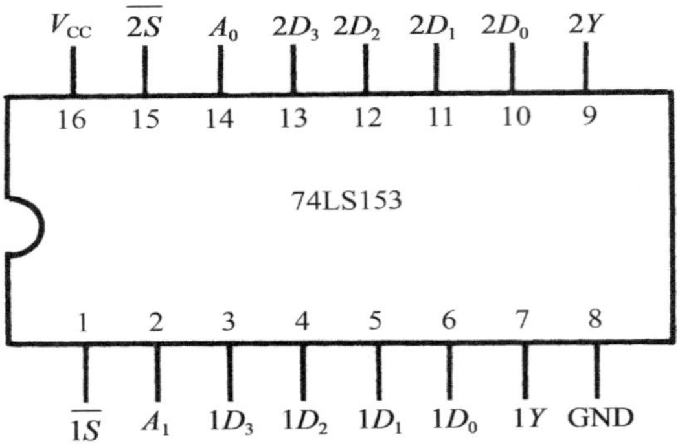

图2.30　74LS153引脚图

74LS153逻辑功能表见表2.10所列。从功能表可看出，当S端输入为低电平时，四选一数据选择器处于工作状态，它有4位并行数据输入D_0～D_3，当选择地址输入A_1、A_0的二进制码依次由00递增至11时，四个通道的并行数据便依次传送到输出端Y，转换成串行数据。

表2.10　74LS153逻辑功能表

输入				输出
S	D	A_1	A_0	Y
1	×	×	×	0
0	D_0	0	0	D_0
0	D_1	0	1	D_1
0	D_2	1	0	D_2
0	D_3	1	1	D_3

（2）LED显示器（七段数码管）。在数字系统中，常常需要将运算结果用人们习惯的十进制显示出来，这就要用到显示译码器。显示译码器主要用来驱动各种显示器件，如LED、LCD等，从而将二进制代码表示的数字、文字、符号“翻译”成人们习惯的形式，直观地显示出来。

目前，用于显示电路的中规模译码器种类很多，其中用得较多的是七段显示译码器。它的输入是8421BCD码，输出是由a、b、c、d、e、f、g构成的一种代码，称之为七段显示码。根据字形的需要，确定a、b、c、d、e、f、g各段应加什么电平，就得到两种代码对应的编码表。七段显示码被送到七段显示器显示。

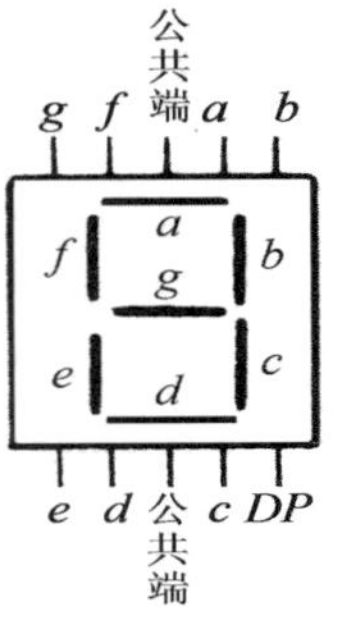

图2.31　外形结构图

七段显示器分共阴极和共阳极两种形式，它们的外形结构和二极管连接方式分别如图2.31、图2.32所示。从图2.31和图2.32中可以看出，对于共阳极的显示器，当输入低电平时发光二极管发光；对于共阴极的显示器，当输入高电平时发光二极管发光。与之相应的译码器的输出也分低电平有效和高电平有效两种。如74LS46、74LS47为低电平有效，可用于驱动共阳极的LED显示器；74LS48、74LS49为高电平有效，可用于驱动共阴极的LED显示器。有的LED显示器带有小数点，一般用DP表示。

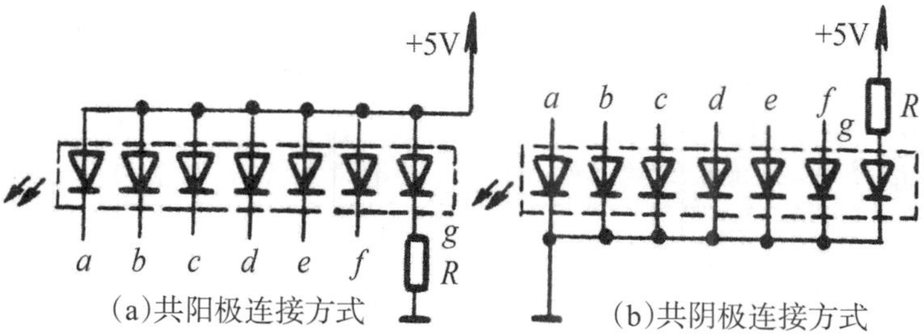

图2.32　内部连接图

值得注意的是，有的译码器内部电路的输出级有集电极电阻，如74LS48，在使用时可直接接显示器；而有的译码器为集电极开路（OC）输出结构，如74LS47和74LS49，在工作时必须外接集电极电阻，可通过调整电阻值来调节显示器的亮度。

（3）显示译码器。二—十进制译码器，用4位二进制数0000～1001分别代表十进制数0～9，称为二—十进制数，又称BCD码。

BCD码—七段译码器的输入是一位BCD码（以D、C、B、A表示），输出是数码管各段的驱动信号以*abcdefg*表示，也称4-7译码器。若用它驱动共阴LED数码管，则输出应为高电平有效，即输出为高电平时，相应显示段发光。例如，当输入8421码DCBA=0100时，应显示4，即要求同时点亮*bcfg*段，熄灭*ade*段，故译码器的输出应为*abcdefg* =0110011，这也是一组代码，常称为段码。8421BCD码对应的显示见表2.11所列。

表2.11　BCD码与LED相应发光段对照表

发光段	0	1	2	3	4
BCD码	0000	0001	0010	0011	0100
发光段代码	*abc def*	*bc*	*abd eg*	*abc*	*bc fg*
发光段	5	6	7	8	9
BCD码	0101	0110	0111	1000	1001
发光段代码	*abc fg*	*cde fg*	*abc*	*abc defg*	*abc fg*

CMOS集成电路CD4511是一个用于驱动共阴LED显示器的BCD码—七段码译码器，其引脚图如图2.33所示，逻辑功能表见表2.12所列。其功能如下。

LT：当BI=1，LT=0时，不管输入*DCBA*状态如何，七段均发亮，显示“8”。它主要用来检测数码管是否损坏。

BI：当BI=0时，不管其他输入端状态如何，七段数码管均处于熄灭状态，不显示数字。

LE：使能控制端，当LE=0时，允许译码输出。

DCBA（*D*为最高位）：输入二进制码。

abcdefg：各笔画段控制端，输出高电平时点亮相应的笔画段。

表 2.12　CD4511 逻辑功能表

输入							输出							
LE	$\overline{BI}$	$\overline{LT}$	*D*	*C*	*B*	*A*	*a*	*b*	*c*	*d*	*e*	*f*	*g*	显示
×	×	0	×	×	×	×	1	1	1	1	1	1	1	8
×	0	1	×	×	×	×	0	0	0	0	0	0	0	
0	1	1	0	0	0	0	1	1	1	1	1	1	0	0
0	1	1	0	0	0	1	0	1	1	0	0	0	0	1
0	1	1	0	0	1	0	1	1	0	1	1	0	1	2
0	1	1	0	0	1	1	1	1	1	1	0	0	1	3
0	1	1	0	1	0	0	0	1	1	0	0	1	1	4
0	1	1	0	1	0	1	1	0	1	1	0	1	1	5
0	1	1	0	1	1	0	0	0	1	1	1	1	1	6
0	1	1	0	1	1	1	1	1	1	0	0	0	0	7
0	1	1	1	0	0	0	1	1	1	1	1	1	1	8
0	1	1	1	0	0	1	1	1	0	1	0	1	1	9
0	1	1	1	0	1	0	0	0	0	0	0	0	0	
0	1	1	1	0	1	1	0	0	0	0	0	0	0	
0	1	1	1	1	0	0	0	0	0	0	0	0	0	
0	1	1	1	1	0	1	0	0	0	0	0	0	0	
0	1	1	1	1	1	0	0	0	0	0	0	0	0	
0	1	1	1	1	1	1	0	0	0	0	0	0	0	
1	1	1	×	×	×	×								

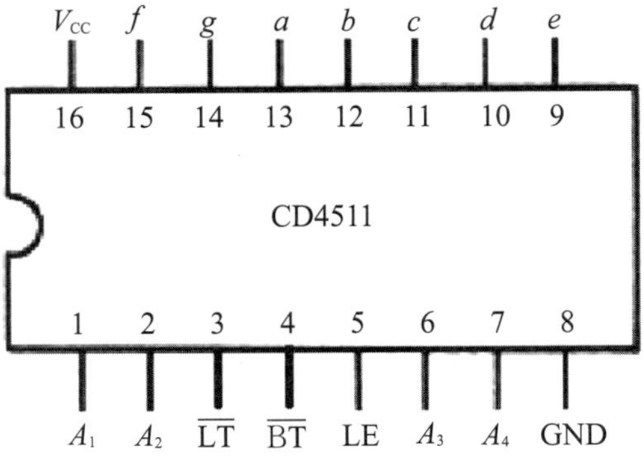

图 2.33　CD4511 引脚图

（4）变量译码器。把输入二进制代码的状态翻译成对应的输出信号，即译码器输出表示输入变量的状态。如 n 位二进制译码器，其译码器的输入端有 n 个，译码器输出就有 2^n 个。变量译码器可做数据分配器使用。双 2-4 线译码器 74LS139，其引脚图如图 2.34 所示，功能表见表 2.13 所列。

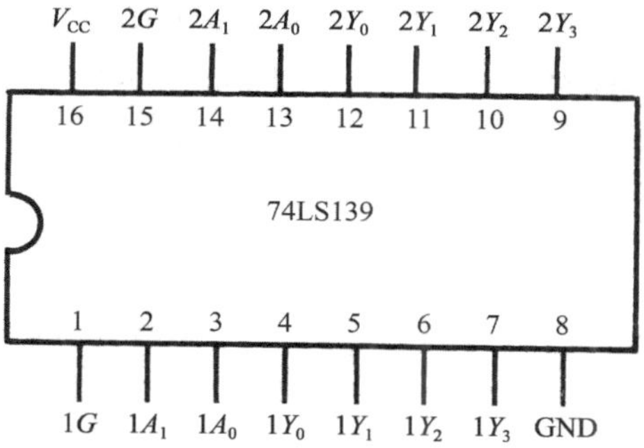

图2.34　74LS139引脚图

表2.13　74LS139功能表

输入			输出			
使能	选择					
G	A_1	A_0	Y_0	Y_1	Y_2	Y_3
1	×	×	1	1	1	1
0	0	0	0	1	1	1
0	0	1	1	0	1	1
0	1	0	1	1	0	1
0	1	1	1	1	1	0

该译码器有两组2-4线译码器。每组有两个地址输入端A_1、A_0，四个译码输出端Y_0、Y_1、Y_2、Y_3，当输入为00时，Y_0输出为“0”，其他输出端为“1”；同理可推其他输出状态，即只有输出变量下标对应的二进制代码与输入代码相等的输出端为“0”，其他输出端为“1”。另外，该译码器还有一个使能端（选通端）G，当它为高电平时，输出全为高；当它为低电平时，才允许译码。

变量译码器、同步计数器和动态显示原理

（5）同步计数器。计数器分为同步计数器和异步计数器，在同步计数器中，各触发器都是利用被计数的脉冲作为时钟，因此各触发状态同时更新。同步计数器具有工作速度快、译码后输出波形好等优点，使用非常广泛。四位二进制同步计数器74LS161能同步并行预置数据，异步清零，具有清零、置数、计数和保持四种功能，且具有进位信号输出，可串接计数使用。74LS161的引脚图如图2.35所示，其功能表见表2.14所列。

该计数器有清零信号$\overline{C_r}$，使能信号S_1、S_2，置数信号$\overline{\text{LD}}$，时钟CP和四个数据输入端A、B、C、D，另外，还有四个数据输出端Q_D、Q_C、Q_B、Q_A以及进位输出端Q_{cc}，且$Q_{cc}=Q_A \cdot Q_B \cdot Q_C \cdot Q_D \cdot S_2$。根据功能表分析计数器功能如下。

当$\overline{C_r}=0$，不管其他控制信号为何状态，对计数器清零。当$\overline{C_r}=1$，$\overline{\text{LD}}=1$，时钟脉冲上升沿到达时，不管其他控制信号为何状态，$Q_DQ_CQ_BQ_A=DCBA$，即完成了并行置数功能。而如果没有时钟脉冲的上升沿到达，尽管$\overline{\text{LD}}=0$也不能将预置数据置入触发器。这就是同步预置与异步预置的不同之处。当$\overline{C_r}=1$，$\overline{\text{LD}}=1$，且$S_1=S_2=1$

时，计数器伴随着时钟脉冲，将8421BCD码循环计数。当计数状态达到1111时，其Q_{cc}=1，产生进位输出，其脉宽为一个时钟周期。当$\overline{C_r}=1$，$\overline{\mathrm{LD}}=1$，S_1=0，S_2=1时，计数器的所有输出（包括Q_{cc}）都处于保持状态。当$\overline{C_r}=1$，$\overline{\mathrm{LD}}=1$，S_2=0，S_1为任意状态时，计数器的进位输出Q_{cc}=0，其余输出处于保持状态。

表2.14　74LS161功能表

$\overline{Cr}$	$\overline{\mathrm{LD}}$	S_1	S_2	S_3	功能
0	×	×	×	×	清零
1	0	×	×	↑	预置
1	1	1	1	↑	计数
1	1	0	1	×	保持
1	1	×	0	×	保持Q_{CC}=0

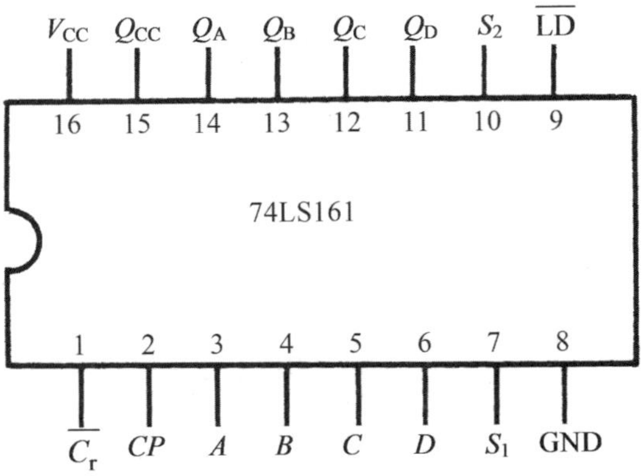

图2.35　74LS161引脚图

4. 实验电路面板如图2.39所示。

（1）稳压电源给实验电路板提供10 V的电源，经7805得到电路中各个集成芯片所需的5 V电压。

（2）将两片数据选择器74LS153的输入端D_0 C_0 B_0 A_0、D_1 C_1 B_1 A_1、D_2 C_2 B_2 A_2、D_3 C_3 B_3 A_3分别接至拨动开关SW4、SW3、SW2、SW1进行数据输入，SW1～SW4可通过拨动开关对BCD码进行预置。

（3）数据选择器输出的8421BCD码*DCBA*经显示译码器CD4511驱动送至数码管显示。

（4）2-4线译码器74LS139的地址输入端与数据选择器的地址端已连接，74LS139的输出端1Y_3、1Y_2、1Y_1、1Y_0分别接至四个LED显示数码管的共阴端Y_3、Y_2、Y_1、Y_0，进行分时显示。

（5）2-4线译码器74LS139的地址输入端*B*、*A*的选择可手动选择或由计数器74LS161动态选择。在手动选择时，将*B*、*A*端都接地为00，此时允许第一路信号输出；将*B*端接地，*A*端悬空为01，此时允许第二路信号输出；将*B*端悬空，*A*端接地为10，此时允许第三路信号输出；若B、A端都悬空时为11状态，此时允许第四路信号输出。若TTL信号送至计数器74LS161的CP端，输出端Q_B、Q_A与数据选择器地址端B、A相连，则可进行动态显示。

数选与译码显示实验内容　　译码显示实验演示

五、实验任务

1. BCD码—段码显示译码器功能测试

任选一组开关（SW1～SW4），将导线连接至译码器（CD4511）输入端；任意选择一位数码管，将公共端Y端接低电平。用逻辑开关SW输入BCD码0000～1111，观察数码管输出显示，将结果填入表2.15中，得出相应的实验结论。

表2.15　BCD码—七段码显示译码器功能测试表

BCD码输入	LED显示	BCD码输入	LED显示	BCD码输入	LED显示
0000		0110		1100	
0001		0111		1101	
0010		1000		1110	
0011		1001		1111	
0100		1010			
0101		1011			

2. 测试变量译码器74LS139的逻辑功能

（1）将实际测试时LED公共端Y_3、Y_2、Y_1、Y_0与译码器139的输出$1Y_3$、$1Y_2$、$1Y_1$、$1Y_0$之间的连线关系填入下面的括号内。

Y_3—（　）；Y_2—（　）；Y_1—（　）；Y_0—（　）。

（2）通过手动控制译码器74LS139的地址输入端BA依次为00—01—10—11（地址输入端A、B悬空为高电平），用逻辑开关SW输入任意一组BCD码至显示译码器输入端，观察数码管输出显示，将结果填入表2.16中，得出相应的结论。

表2.16　74LS139的逻辑功能测试表

B	A	数字显示在哪个LED上
0	0	
0	1	
1	0	
1	1	

3. 测试数据选择器74LS153的逻辑功能

（1）将2片74LS153的输出$DCBA$接显示译码器CD4511的输入端$DCBA$。

（2）2片数据选择器可以选择4个数据（每个数据有4位，如$D_iC_iB_iA_i$），可由发光管指示。实验报告上数据选择器的地址端B、A与74LS139的输入B、A端已连在一起，可用手动控制。

（3）手动控制 *B*、*A*，实现 *BA* 为 00、01、10、11 时依次在 LED0、LED1、LED2、LED3 上显示 0、1、2、3，完成表 2.17。

表 2.17　74LS153 的逻辑功能测试表

B	*A*	LED3 输出显示	LED2 输出显示	LED1 输出显示	LED0 输出显示	发光二极管显示			
						D	*C*	*B*	*A*
0	0								
0	1								
1	0								
1	1								

4. 实验任务：同步计数器工作波形测试

将同步计数器 74LS161 的 *CP* 接入频率为 1 kHz TTL 的信号，用双踪示波器测量，分别画出 *CP*、Q_A、Q_B、Q_C、Q_D 和 Q_{CC} 的波形。记录每个波形的幅度和周期（注意：*CP*、Q_A、Q_B、Q_C、Q_D、Q_{CC} 波形时序一一对应），绘制如图 2.36 所示的波形图。

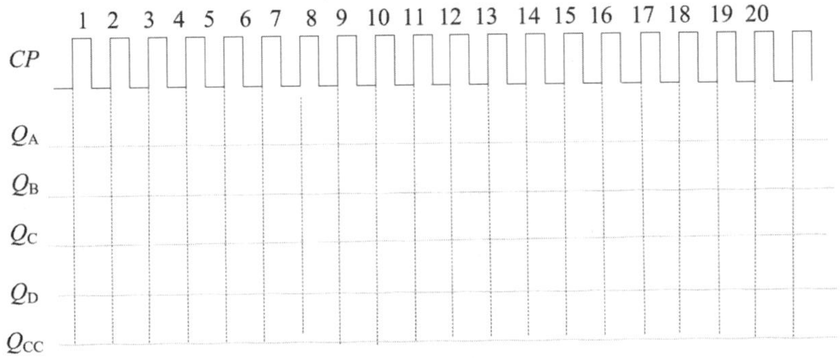

图 2.36　同步计数器 74LS161 测试波形图

5. 四路数据 LED 动态显示实验。要求：实现从左至右每隔 1 s 依次显示 5、6、7、8 以及从左至右同时显示 5、6、7、8。

实验电路见数码管的四位动态显示图。将 74LS161 同步计数器的输出端 Q_B、Q_A 与 74LS139 的输入 *B*、*A* 端（即数据选择器的地址输入端）相连，将计数器 74LS161 的 *CP* 端接频率为 1 Hz 的 TTL 信号，观测在 LED3、LED2、LED1、LED0 上自动按时钟周期依次显示 5、6、7、8 的情况；再将时钟频率调为 1 kHz 时，又观察 LED3、LED2、LED1、LED0 的显示情况。

动态显示
实验演示

若改变输入频率，使之在 2～500 Hz 范围内变化，并观察显示效果，得出相应的结论填入表 2.18 中。

表2.18　LED动态显示测试表

CP/Hz	LED输出显示效果
500	
200	
100	
10	
2	

六、常见问题与解决方法

现象1：实验电路板没有供电。

解决方法：请检查电源线是否连接好，注意直流电源应接+10 V。

现象2：不理解电路板上各芯片的供电电压是5 V。

解决方法：电路板的供电电压是10 V，经过7805三端稳压器稳压为5 V后，作为电路板上各个集成芯片的供电电源电压。

现象3：数码管不能循环显示。

解决方法：应检查74LS139和74LS161的逻辑功能，或检查信号源提供的输入时钟是否正确。

现象4：同步计数器输出波形重叠，显示不稳定。

解决方法：请在示波器上选择频率低的信号作为触发源，并调节触发电平。

七、思考题

1. 在做数码管的四位动态显示实验时，将*CP*端接的TTL信号频率由500 Hz逐渐减小，再由500 Hz逐渐变大，观察数码管的显示有何变化？为什么？

2. 根据如图2.35所示的实验结论，试分析Q_A、Q_B、Q_C、Q_D、Q_{cc}分别与*CP*的分频关系。

3. 用BCD码—七段译码显示器驱动数码管，译码器与数码管之间串联电阻，为什么？

4. 用74LS153及门电路组成八选一数据选择器。

2.5.2　设计性实验

试设计一个简单的十字路口交通灯控制电路。试完成绿、黄、红三种状态时的数据输入，得出相应结论，并画出三种状态时的逻辑电路图。

由数据选择器提供数据，用三只74LS05和外围元件（三极管、电阻等）构成已预置好的译码电路，分别驱动红、黄、绿指示灯发光，组成简单的十字路口交通灯控制电路。要求南北方向和东西方向两条交叉道路上的车辆交替运行。若南北方向绿灯亮，东西方向红灯亮；若东西方向绿灯亮，南北方向红灯亮；若南北方向黄灯亮，东西方向黄灯同时亮。译码输出循环显示“绿灯—黄灯—红灯”三个状态。十字路口交通灯控制电路示意图如图2.37所示，红、黄、绿指示灯译码电路图如图2.38所示。

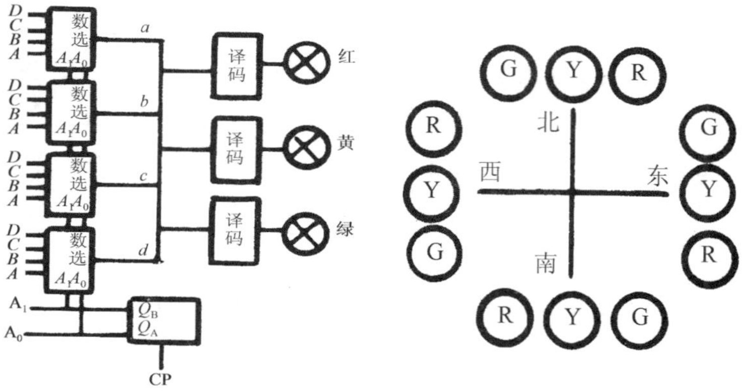

图2.37　十字路口交通灯控制电路示意图

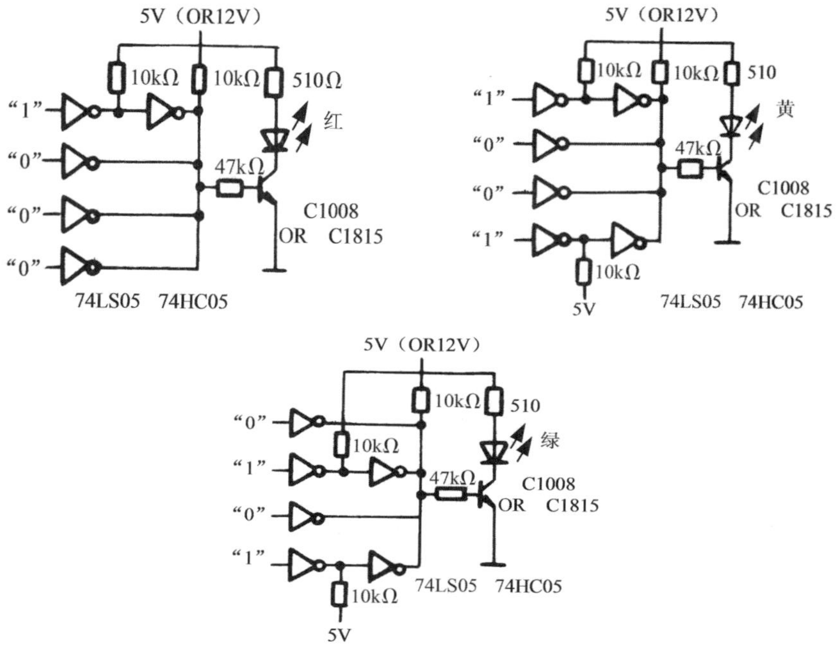

图2.38　红、黄、绿指示灯译码驱动电路

实验内容：用逻辑开关SW输入数据，在底板上搭接电路，实现交通灯译码驱动电路输出指示灯自动循环显示“绿灯亮—黄灯亮—红灯亮—黄灯亮”四种状态。将输入数据填入表2.19中，并得出相应结论。

表2.19　　十字路口交通灯控制电路显示测试表

数据输入	交通灯电路输出指示灯显示
	绿灯亮(东西方向)
	黄灯亮
	红灯亮(东西方向)
	黄灯亮

附：数据选择和译码显示实验底板电路图如图2.39所示，数据选择和译码显示实验底板实物图如图2.40所示。

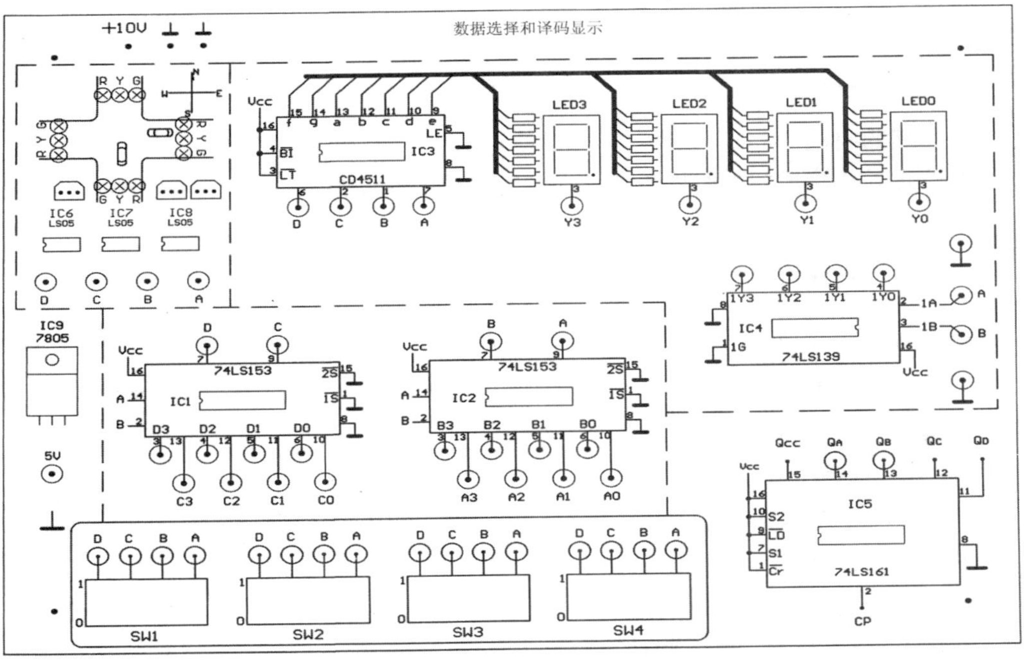

图2.39　数据选择和译码显示实验底板电路图

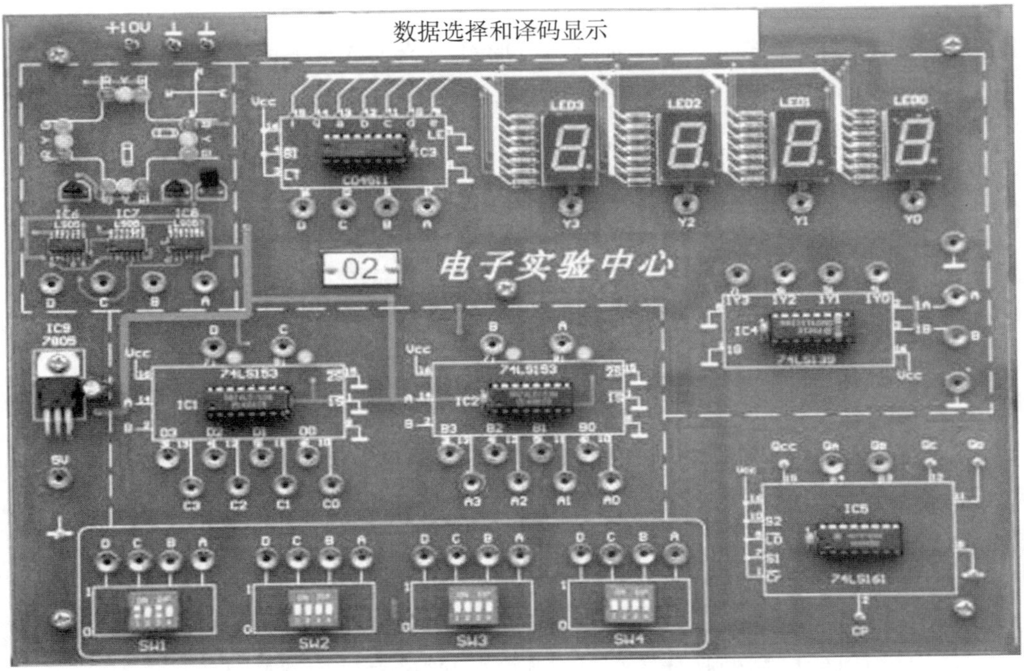

图2.40　数据选择和译码显示实验底板实物图

2.6 实验六 触发器实现波形整形及脉冲延时的研究1

2.6.1 基础实验

一、实验目的

1. 掌握使用集成门电路构成单稳态触发器的基本方法。
2. 掌握集成单稳态触发器在脉冲延时电路中的作用。

二、实验仪器与器材

1. 双踪示波器一台。
2. 信号源一台。
3. 数字万用表一只。
4. 整形与延时的实验底板一块。

三、预习要求

1. 预习关于单稳态触发器的基本知识。
2. 预习微分电路的构成原理。
3. 预习在交流信号上叠加直流信号的方法。
4. 预习用双踪示波器观测波形的方法。
5. 回答预习思考题

（1）单稳态触发器的作用是什么？

（2）用示波器测试如图2.41所示的波形Q_1，若想准确地读出窄脉冲的宽度，应如何设置示波器的水平扫描时基挡位？

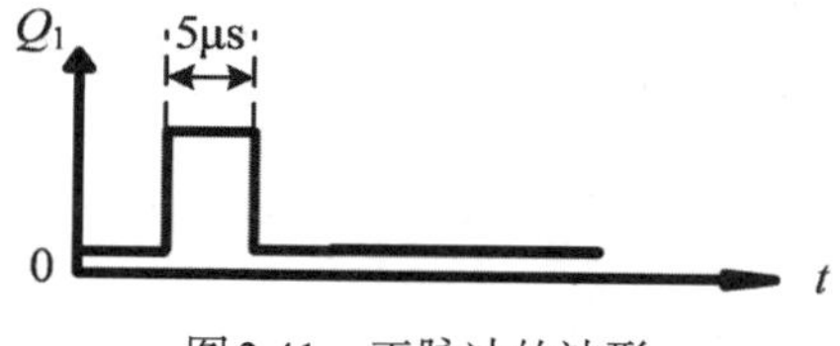

图2.41 正脉冲的波形

四、实验原理

1. 单稳态触发器

单稳态触发器是广泛应用于脉冲整形、延时和定时的常用电路。单稳态触发器只有一个稳定的状态。这个稳定状态要么是0，要么是1。单稳态触发器的工作特点如下。

单稳态触发器的特点

（1）在没有受到外界触发脉冲作用的情况下，单稳态触发器保持在稳态。

（2）在受到外界触发脉冲作用的情况下，单稳态触发器翻转，进入暂稳态。假设稳态为0，则暂稳态为1。

（3）经过一段时间后，单稳态触发器会自动从暂稳态返回稳态。单稳态触发器在暂稳态停留的时间仅仅取决于电路本身的参数。

①用与非门组成的单稳态触发器。利用与非门作开关，依靠定时元件*RC*的充放电来控制与非门的开启和关闭。单稳态触发器分为微分型和积分型两大类，这两大类触发器对触发脉冲的极性与宽度有不同的要求。

a. 微分型单稳态触发器，如图2.42所示。负脉冲触发，R_5和C_2构成输入微分电路，R_6、R_{w2}、C_3构成微分定时电路。

输出V_{out}脉宽$t_w \approx (0.7 \sim 1.3)\ RC_3$。其工作波形图如图2.43所示。图2.42中与非门可用74××00，其引脚图如图2.44所示。

门电路构成的单稳触发器

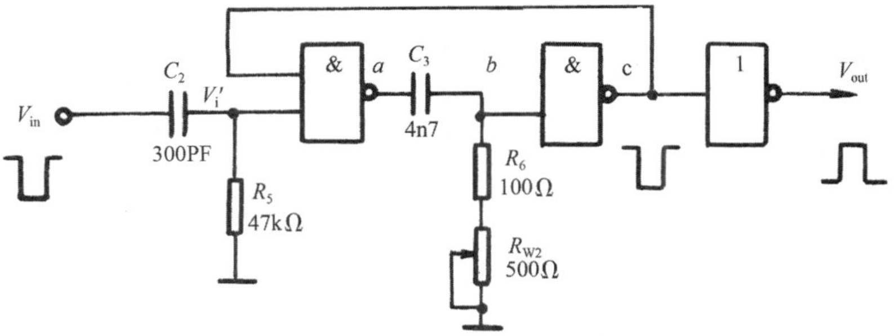

图2.42　微分型单稳态触发器

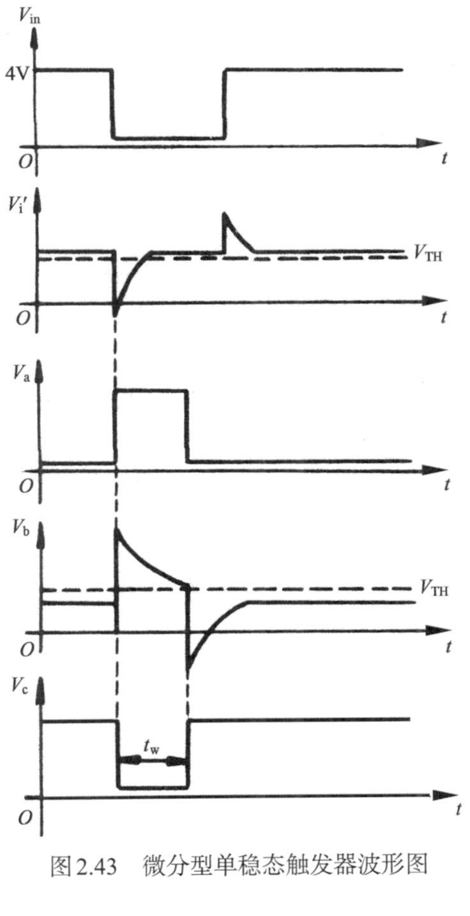

图2.43　微分型单稳态触发器波形图

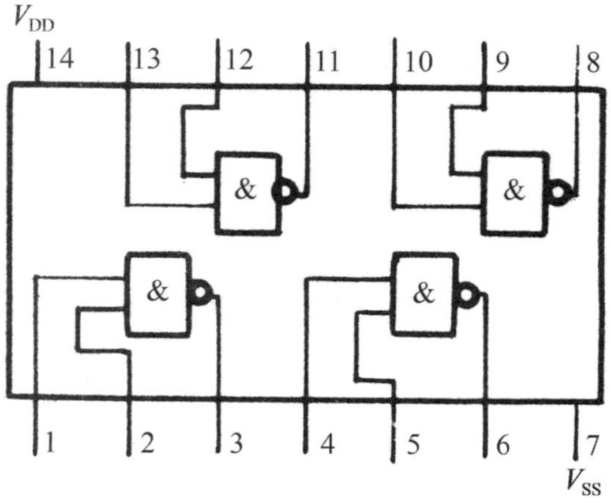

图2.44　74××00引脚图

微分型单稳态触发器（如图2.42所示）包含阻容元件构成的微分电路。则 $R=R_6+R_{W2}=(100\sim600)\mathrm{W}\Omega$；$C_3=4700$ PF；$t_w=(0.7\sim1.3)R\times C_3=(0.32\sim3.6)\times10^{-6}$s。

电容C_2和电阻R_5构成一个时间常数很小的微分电路，它能将较宽的矩形触发脉冲V_{in}变成较窄的尖触发脉冲V_i'。注意：C_2和电阻的R_5元件取值与输入信号频率及占空比有关，对某一特定频率为f的信号，C_2和电阻的R_5乘积远小于其脉宽的1/10时，微分效果明显。C_2和电阻的R_5乘积与信号脉宽可比拟时，则构成阻容耦合电路，无微分作用了。

b. 积分型单稳触发器，电路如图2.45所示。采用正脉冲触发。其工作波形图如图2.46所示。$t_w=1.1RC_4$；$R=R_7+R_{W3}=(100\sim600)\mathrm{W}\Omega$；$C_4=4700$ PF。

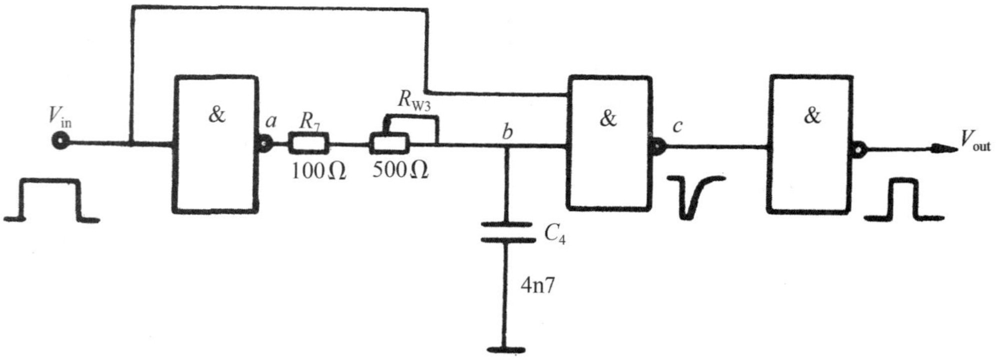

图2.45　积分型单稳态触发器

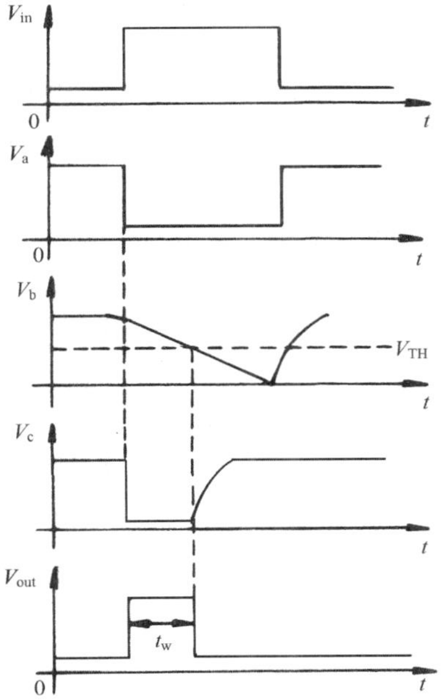

图2.46　积分型单稳态触发器工作波形图

②集成单稳态触发器。集成单稳态触发器有两种类型：可重复触发的和不可重复触发的。可重复触发的单稳态触发器，在进入暂稳态期间，如有触发脉冲作用，电路会被重新触发，是暂稳态继续延迟一个暂态时间。不可重复触发的单稳态触发器，在进入暂稳态期间，如有触发脉冲作用，电路的工作过程不受影响，只有当电路的这一次暂态结束后，输入触发脉冲才会影响电路状态。

集成单稳态触发器在延时电路中的应用

这里介绍的集成单稳态触发器CD4098是可重复触发的。使用时也可根据器件手册将其设置成为不可重复触发的工作模式。CD4098构成脉冲延时电路，单稳态触发器的延时作用常被应用于时序控制。表2.20为CD4098双单稳触发器的逻辑功能。

表2.20　CD4098双单稳态触发器逻辑功能

输入			输出		
+TR	−TR	RESET	Q	$\overline{Q}$	功能
↑	1	1	⎍	⊔	上升沿连续触发
↑	0	1	Q	$\overline{Q}$	触发沿无效
1	↓	1	Q	$\overline{Q}$	触发沿无效
0	↓	1	⎍	⊔	下降沿连续触发
×	×	0	0	1	复位为初态

CD4098 双单稳态触发器的引脚图如图2.47所示。

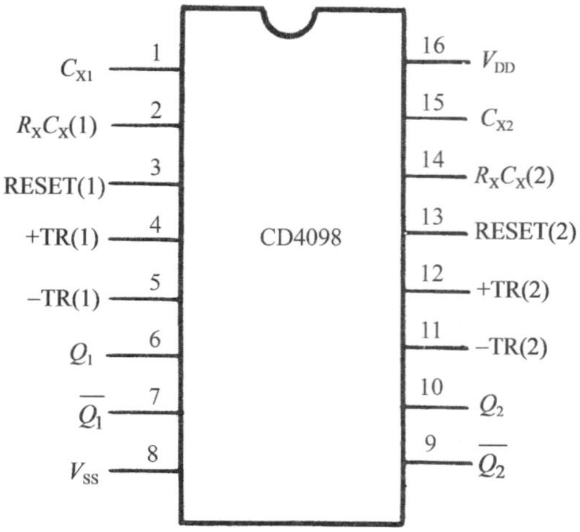

图2.47　CD4098双单稳态触发器引脚图

五、实验任务

1. 测试用与非门构成的如图2.42所示的微分型单稳态触发器电路。

（1）输入V_{in}接TTL信号，当输入信号频率分别为100 kHz和5 kHz时，观察输入微分电路的输出V_i' 和输入V_{in}的关系，得出结论。

（2）当输入V_{in}接5 kHz的TTL信号时，用双踪示波器观测并测试V_{in}和V_i'、V_a、V_b、V_c、V_{out}的波形变化情况。

（3）通过改变R_{W2}，测试此电路输出V_{out}中暂稳态的最大及最小定时时间t_{wmin}和t_{wmax}。

实验任务

2. 测试用与非门构成的如图2.45所示的积分型单稳态触发器电路。

（1）输入V_{in}接20 kHz的TTL信号，改变R_{W3}，用双踪示波器观测V_{in}和V_a、V_b、V_c、V_{out}的波形变化情况。

（2）通过改变R_{W3}，测试此电路输出V_{out}中暂稳态的最大及最小定时时间t_{wmin}和t_{wmax}。

单稳态触发器电路测试演示

六、常见问题与解决方法

现象1：不理解电路板上各芯片的供电电压是5 V。

解决方法：电路板的供电电压是10 V，经过7805三端稳压器稳压为5 V，可作为电路板上各个集成芯片的供电电源电压。

现象2：在微分型单稳态触发器电路中，输入微分电路的输出不是输入信号的微分。

解决方法：请检查输入信号是否为TTL信号，并且注意输入信号频率与输入微分电路参数的关系。

七、思考题

为什么如图2.43所示的微分型单稳态触发器的V_i'端波形会有尖峰?

2.6.2 设计性实验

利用集成单稳态触发器CD4098设计简易的触摸延时灯电路。

要求：可通过触摸按钮打开指示灯，触摸按钮后延时2 s左右灯亮，灯亮的时间可在1～15 s连续可调。

应用CD4098可以实现脉冲延时，原理图如图2.48所示。4脚为触发信号输入端，可通过比较器对触摸产生的信号进行比较后再产生触发信号，使触发准确度得以提高。

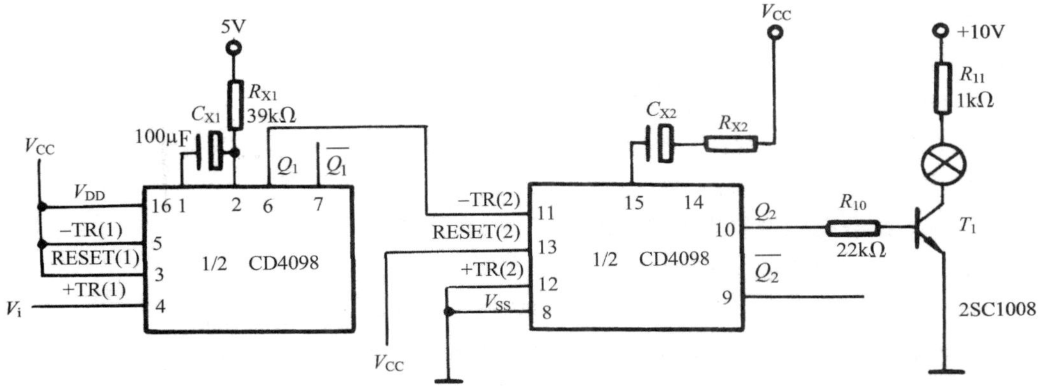

图2.48 CD4098实现脉冲延时的原理图

$t_{W1}=1/2C_{X1}\times R_{X1}$，$t_{W1}$决定从触发信号（$V_i$）有效到灯亮的时间。

$t_{W2}=1/2C_{X2}\times R_{X2}$，$t_{W2}$决定灯持续亮多久。

其工作过程如图2.49所示。

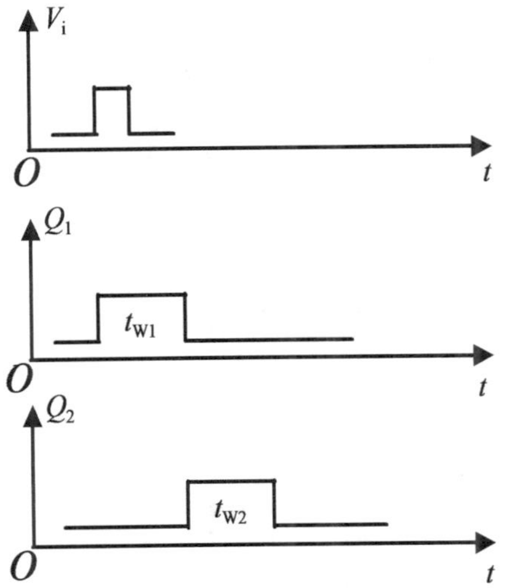

图2.49 延时灯的工作过程

2.7 实验七 触发器实现波形整形及脉冲延时的研究2

一、实验目的

1. 掌握使用集成门电路构成施密特触发器的基本方法。
2. 掌握集成施密特触发器在波形整形电路中的作用。

二、实验仪器与器材

1. 双踪示波器一台。
2. 信号源一台。
3. 数字万用表一只。
4. 整形与延时的实验底板一块。

三、预习要求

1. 预习关于施密特触发器的基本知识。
2. 预习用双踪示波器观测波形的方法。
3. 回答预习思考题

（1）什么是门电路的阈值电压？施密特触发器具有几个阈值电压？

（2）什么是施密特触发器电路的整形作用？施密特触发器电路的工作条件是什么？

四、实验原理

1. 施密特触发器

施密特触发器具有幅值比较功能并且输出波形边沿陡峭，所以常用于脉冲幅度鉴别、脉冲整形和脉冲变换等。施密特触发器不同于前述的各类触发器，它具有以下特点。

施密特触发器原理

（1）施密特触发器属于电平触发，对于缓慢变化的信号仍然适用，当输入信号达到某一电压值时，输出电压会发生突变。

（2）输入信号增加和减少时，电路有不同的阈值电压，它具有如图2.50所示的传输特性。

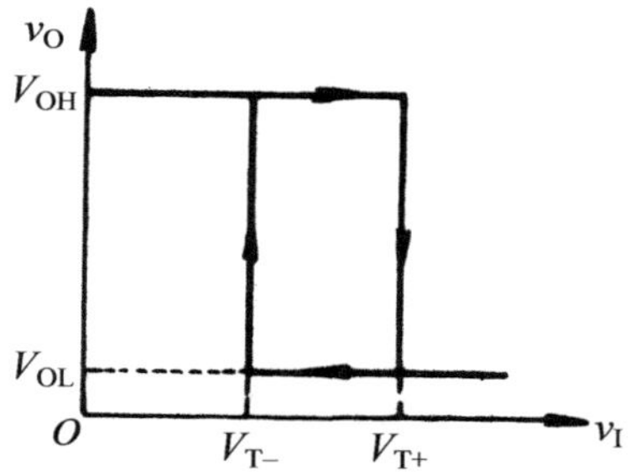

图2.50 施密特触发器传输特性

普通的门电路只有一个阈值电压，当输入电压从低电平上升到阈值电压或从高电平下降到阈值电压时电路的状态将发生变化。施密特触发器是一种特殊的门电路，与普通的门电路不同，施密特触发器有两个阈值电压，分别称为正向阈值电压和负向阈值电压。在输入信号从低电平上升到高电平的过程中，使电路状态发生变化的输入电压称为正向阈值电压。在输入信号从高电平下降到低电平的过程中，使电路状态发生变化的输入电压称为负向阈值电压。正向阈值电压与负向阈值电压之差称为回差电压。

施密特电路的特性可以阻止输入电压出现微小变化，从而引起的输出电压的改变。

利用施密特触发器状态转换过程中的正反馈作用，可以把边沿变化缓慢的周期性信号变换为边沿很陡的矩形脉冲信号，该信号称为波形变换，如图2.51（a）所示。

在数字系统中，矩形脉冲在传输过程中经常发生波形畸变，出现上升沿和下降沿不理想的情况，可用施密特触发器获得较理想的矩形脉冲，常称为脉冲整形，如图2.51（b）所示。

幅度不同、不规则的脉冲信号加到施密特触发器的输入端时，能选择幅度大于欲设值的脉冲信号进行输出，此特性可作为脉冲鉴幅，如图2.51（c）所示。

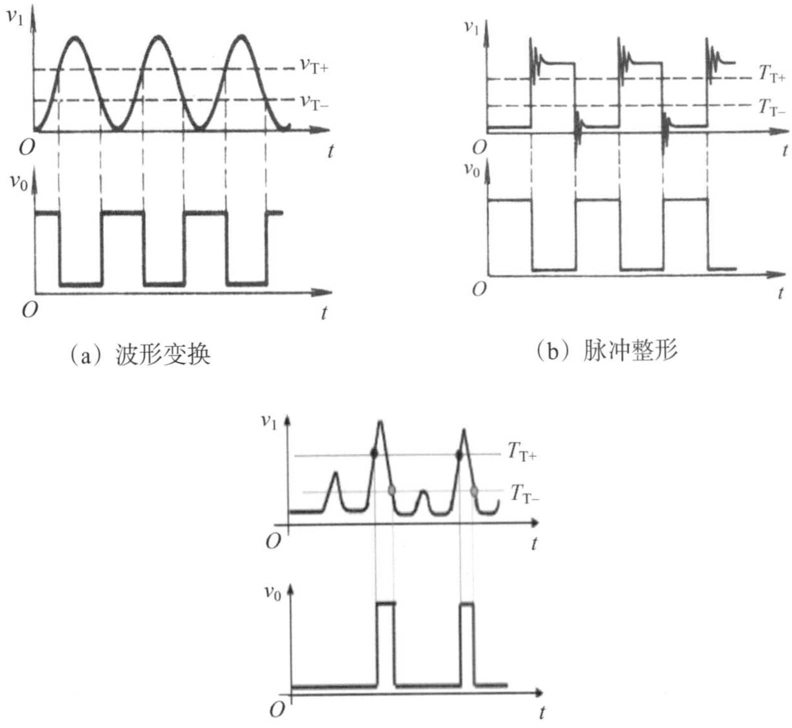

（a）波形变换　　（b）脉冲整形

（c）脉冲鉴幅

图2.51　施密特触发器传输特性

2. CMOS门电路组成的施密特触发器

在图2.52电路中，CMOS反相器可用CD4069，其引脚图如图2.53所示。

CMOS门电路构成的施密特触发器电路分析

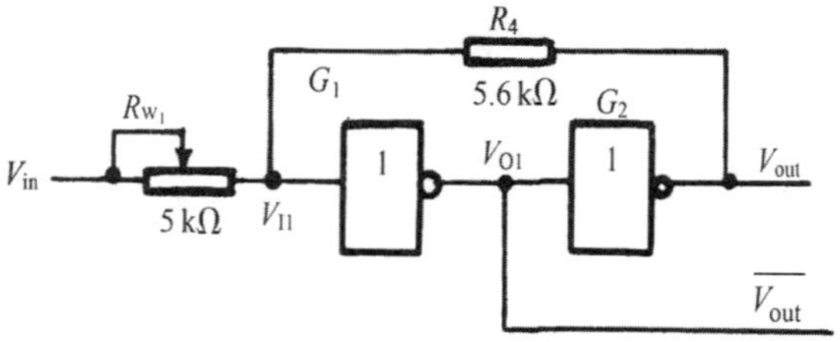

图 2.52　CMOS 反相器组成的施密特触发器

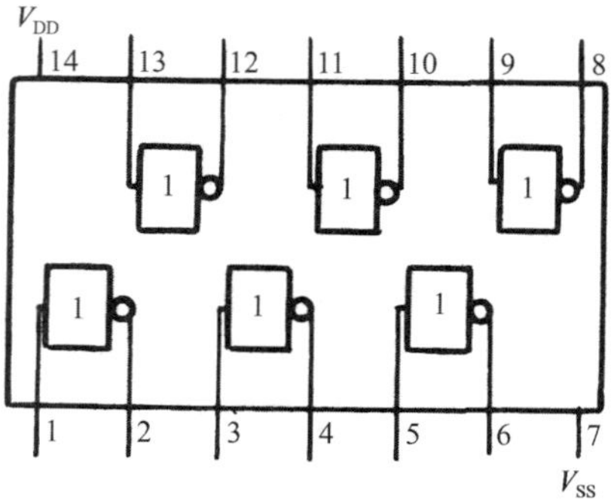

图 2.53　CD4069 引脚图

CMOS 反相器的阈值电压 $V_{TH}\approx V_{DD}/2$，$R_{W1}<R_4$，如输入信号 V_{in} 为三角波，电路的参数如下：施密特触发器在输入信号正向增加时的阈值电压，称为正向阈值电压，用 V_{T+} 表示。则

$$V_{T+}\approx\left(1+\frac{R_{W1}}{R_4}\right)V_{TH}$$

施密特触发器在输入信号减小时的阈值电压，称为负向阈值电压，用 V_{T-} 表示。

$$V_{T-}\approx\left(1+\frac{R_{W1}}{R_4}\right)V_{TH}$$

回差电压为

$$\Delta V_T=V_{T+}-V_{T-}\approx 2(R_{W1}/R_4)V_{TH}$$

实验中：

V_{T+} 为 2.5～4.775 V

V_{T-} 为 0.267～2.5 V

上式表明，回差电压的大小可以通过改变 R_{W1}、R_4 的比值来调节。施密特触发器的输入、输出波形如图 2.54 所示。

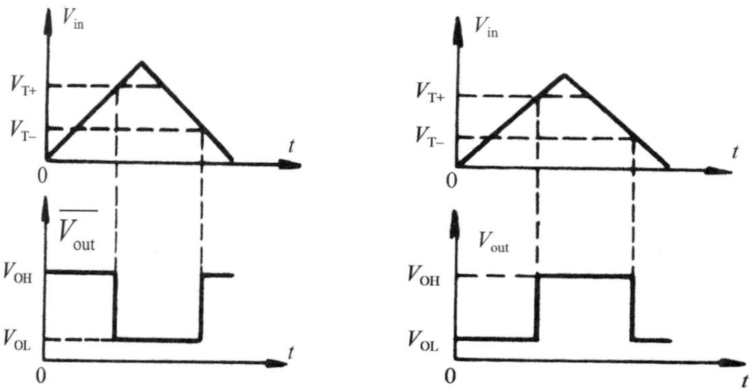

图 2.54　施密特触发器的输入、输出波形

3. 集成施密特触发器

具有施密特整形功能的集成芯片有施密特非门（如HC/HCT14、CD40106、LS14等）、施密特与非门（如HC/HCT132、CC4093、LS13、LS132等）和触发器（如SN74276等）。

下面介绍CD40106。图2.55为CD40106的引脚图及功能框图。表2.21为CD40106阈值数值。图2.56为CD40106的测试电路图。

集成施密特触发器电路分析

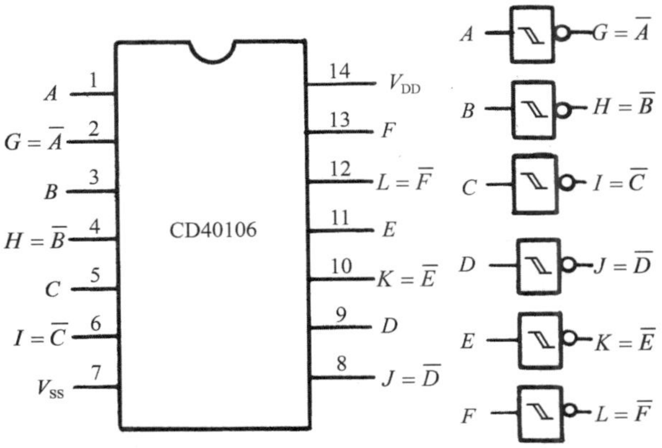

图2.55 CD40106的引脚图及功能框

表2.21 CD40106阈值数值

参数名称	V_{DD}/V	最小值/ V	最大值/ V	典型值
V_{T+} 上限阈值电压	5	2.2	3.6	2.9
	10	4.6	7.1	5.9
	15	6.8	10.8	8.8
V_{T-} 下限阈值电压	5	0.9	2.8	1.9
	10	2.5	5.2	3.9
	15	4	7.4	5.8
ΔV_T 滞回电压	5	0.3	1.6	0.9
	10	1.2	3.4	2.3
	15	1.6	5.0	3.5

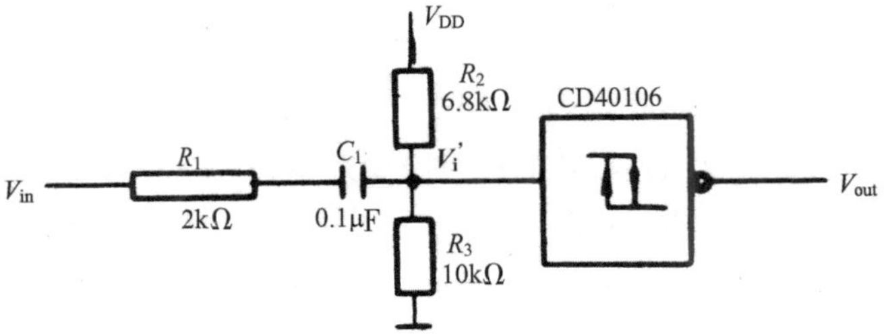

图2.56　CD40106测试电路

电源 V_{DD}=5 V时，V_{T+}为2.2～3.6 V，典型值为2.9 V；V_{T-}为0.9～2.8 V，典型值为1.9 V。

本实验中：V'=(10 kΩ/16.8 kΩ)×5 V≈3 V。输入信号叠加在3 V直流电平上后变为 V_i'作为施密特触发器电路的真正输入信号，如图2.57所示。

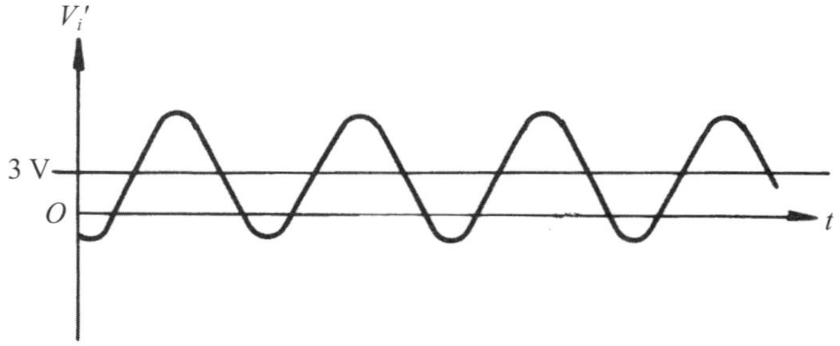

图2.57　施密特触发器电路输入信号波形图

五、实验任务

1. 测试由CMOS门电路组成的如图2.52所示的施密特触发器电路。输入端 V_{in}接2 kHz、V_{PP}=10 V（带载实测）的三角波信号，改变 R_{W1}的值，用双踪示波器观测两组 V_{in}和 V_{out}的波形变化情况，分别画出两组输入、输出波形并标出 V_{T+}及 V_{T-}。讨论并说明 R_{W1}的改变与输出变化的关系。

施密特触发器实验内容

2. 测试用CD40106实现如图2.56所示集成施密特触发器整形电路。输入端 V_{in}接2 kHz的正弦波，按表2.22中所给不同幅度的输入情况，观测输出信号 V_{out}，将所测输出信号的幅度填入表2.22中，并画出输入 V_{in}为6 V时的 V_i' 和输出 V_{out}的波形图，实验测得此电路的 V_{T+}和 V_{T-}与理论值相比较。讨论并说明输入信号幅度的改变对输出波形的影响。

CMOS门电路构成的施密特触发器测试演示

表2.22　集成施密特触发器实验电路测试表

输入信号幅度/V(带载实测)	1.6	2.0	4.5	5.6	6	6.4
输出信号幅度/V						

六、常见问题与解决方法

现象1：无法测试施密特触发电路的阈值电压。

解决方法：用双踪示波器观测施密特触发器阈值电压时，使两个波形的地线重合并利用示波器显示器上的栅格，可以便于观测数据。

现象2：不理解电路板上各芯片的供电电压是5 V。

解决方法：电路板的供电电压是10 V，经过7805三端稳压器电压为5 V，作为电路板上各个集成芯片的供电电源电压。

现象3：如图2.56所示的电路无输出。

集成施密特触发器测试演示

解决方法：如图2.56所示的电路的输入信号要合适，太小无输出，太大输出波形将会失真。

七、思考题

1. 如图2.52所示的电路中的施密特触发器的阈值可调吗?请写出V_{T+}以及V_{T-}的变化范围。

2. 如图2.56所示的电路中输入信号的幅度若小于0.1 V，则一定无输出，为什么?

2.8　实验八　基于Multisim的触摸延时灯设计

一、设计要求

利用单稳态触发器设计触控延时灯，要求利用触发波形的边沿模拟触控点实现触发，触发后2 s灯亮，灯亮的时间可在5～10 s可调。要求利用仿真软件实现电路。

二、参考方案

参考方案1：利用集成单稳态触发器CD4098设计简易的触摸延时灯电路。应用CD4098可以实现脉冲延时，原理图如图2.58所示。4脚为触发信号输入端，可通过比较器对触摸产生的信号进行比较后再产生触发信号，使触发准确度得以提高。

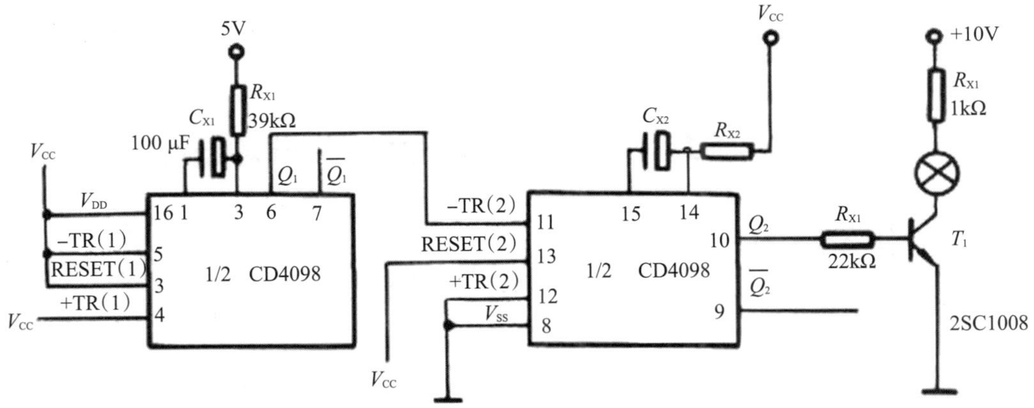

图2.58　CD4098实现脉冲延时的原理图

$t_{W1}=1/2C_{X1}\times R_{X1}$，$t_{W1}$决定从触发信号（$V_i$）有效到灯亮的时间。

$t_{W2}=1/2C_{X2}\times R_{X2}$，$t_{W2}$决定灯持续亮多久。

其工作过程如图2.59所示。

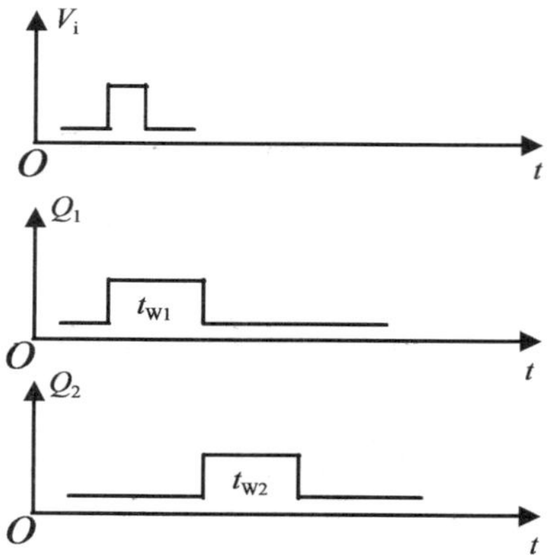

图2.59　延时灯的工作过程

参考方案2：利用555实现单稳态触发器设计电路。

其他方案可自由发挥。

三、设计报告要求

1. 根据任务要求写出你自己的设计方案，包括原理框图及相关文字说明。
2. 选定具体器件，画出电路图并进行相关介绍。
3. 设计Multisim仿真测试方案和数据记录表格。
4. 截图阐述仿真调试及测试的过程（截图应该包含仿真环境），并记录测试数据。
5. 分析、总结测试结果，得出设计结论。

2.9　实验九　基于Multisim的交通灯设计

一、 设计要求

设计并实现一个简单的十字路口交通灯控制电路。具体要求：以4个红色指示灯、4个绿色指示灯和4个黄色指示灯模拟路口东西南北4个方向的红、绿、黄交通灯。控制这些灯，使它们按下列规律亮灭。

1. 东西方向绿灯亮，南北方向红灯亮。东西方向通车，时间为20 s。
2. 东西方向黄灯闪烁，南北方向红灯亮，时间为5 s。
3. 东西方向红灯亮，南北方向绿灯亮。南北方向通车，时间为20 s。
4. 东西方向红灯亮，南北方向黄灯闪烁，时间为5 s。
5. 返回1，继续运行。

二、参考方案

十字路口交通灯控制电路的原理框图如图2.60所示。它主要由时钟信号电路、计数器电路、逻辑转换电路和信号灯电路等部分组成。时钟信号电路由555定时器电路构成，能够分别产生该系统中计数器电路和黄灯闪烁电路的时钟信号源，逻辑转换电路将计数器的输出转换为控制交通灯亮灭的信号，信号灯电路由不同颜色的电平指示灯构成，通过逻辑转换电路输出的高低电平控制灯的亮灭。

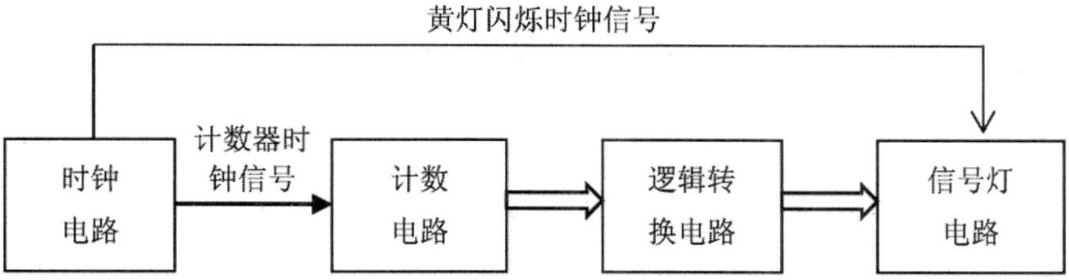

图2.60　十字路口交通灯控制电路的原理框图

根据题目要求，一个计数循环共有50个状态。

（1）第0～19个状态：东西方向绿灯亮，南北方向红灯亮。

（2）第20～24个状态：东西方向黄灯闪烁，南北方向红灯亮。

（3）第25～44个状态：东西方向红灯亮，南北方向绿灯亮。

（4）第45～49个状态：东西方向红灯亮，南北方向黄灯闪烁。

三、设计报告要求

1. 根据任务要求写出设计方案，包括原理框图及相关文字说明。

2. 选定具体器件，画出电路图并进行相关介绍。

3. 设计Multisim仿真测试方案和数据记录表格。

4. 截图阐述仿真调试及测试的过程（截图应该包含仿真环境），并记录测试数据。

5. 分析、总结测试结果，得出设计结论。

第3章 数字系统EDA设计实验

3.1 实验十 Vivado软件基础和优先编码器的实现

3.1.1 Vivado基本使用流程

Vivado设计套件是FPGA厂商Xilinx公司发布的集成设计环境，它包括高度集成的设计环境和新一代从系统到IC级的工具。Vivado把各类可编程技术结合在一起，通过它可以完成对Xilinx公司FPGA器件的开发。

基于FPGA的一般开发设计流程如图3.1所示。功能设计是指对系统的任务和需求进行分析，确定整个系统的功能。通常还应根据自顶而下的方式，确定系统的框架和整个系统应该包含哪些子单元。

设计输入是将概念设计转化为硬件描述的过程，常见的方式是硬件描述语言（Hardware Description Language，HDL）设计或者原理图方式设计。另外，还包括约束的设计。

RTL（Register Transfer Level）级仿真也称为功能（行为）仿真，或是综合前仿真，是在编译之前对用户所设计的电路进行逻辑功能验证，此时的仿真没有延迟信息，仅对初步的功能进行检测。

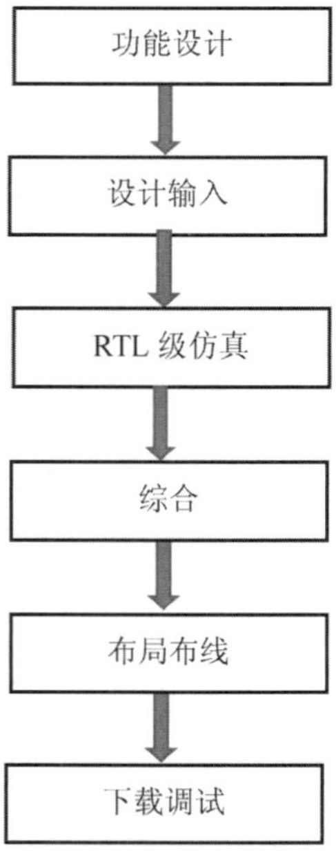

图3.1 FPGA设计流程

综合就是将较高级抽象层次的描述转化成较低层次的描述，简单来说是将RTL级仿真的描述转化成与门、或门、非门等门级的描述。但是综合并没有真正实现门级电路，而只是生成了相关的逻辑连接网表，供FPGA布局布线软件进行实现。

布局布线的过程被称为实现或执行（implementation）。在这一步，FPGA开发软件会根据上一步生成的网表文件，将工程的逻辑和时序与具体的FPGA芯片上的可用资源匹配。布局可以被理解挑选可实现设计网表最优的资源组合，而布线就是将这些资源以最优方式连接起来。

下载调试需要产生数据文件（位数据流文件），然后将编程数据下载到FPGA芯片中。通过观测现象或输入输出信号的时序，验证实际的效果。一般这样的过程是结合FPGA开发板完成的，也常被称为板级调试。

有时在综合后和实现后还需要再次仿真，被称为综合后仿真和实现后仿真。这些仿真的作用有两个。第一个是避免综合和实现后的结果和预期的功能出现偏差。现在的各种开发软件在综合和实现的过程中做了很多的优化，这些优化的本意是为了节约FPGA的内部资源，但结果有可能使得最终的功能和RTL级仿真的结果有了一定的差异。第二个是为了分析信号时延的影响。当转化为门级的描述后，可以利用门电路时延参数对电路的信号延迟仿真，比如综合后仿真；当布局布线的过程完成后还可对线级的时延仿真，比如实现后仿真。这些仿真有利于更准确地估计实际电路中的信号时序。

3.1.2　优先编码器的实现

一、 设计目标

1. 完成优先级编码器的设计。
2. 将设计的优先级编码器下载到开发板上并进行测试。

二、 实验原理

编码器是将数字系统输入的信息，如字母、符号、二进制以外的其他数或控制信号等转换为二进制代码的电路。

编码器分为键控编码器和优先编码器。键控编码器是机械键盘常用的编码器，每当按下一个按键，在编码器的输出端就会出现对应的二进制代码。但如在某一时刻同时按下两个或两个以上的按键，输出的状态将会发生紊乱。优先编码器是指当两个或两个以上的输入端发出输入请求时，只对其中优先级别最高者进行编码的编码器。

本实验以优先编码器设计为例学习基于FPGA进行设计的流程。要求优先编码器输入为8位，输出为3位，输入和输出均为高电平有效。

实验任务及优先级编码器设计实例

1. 创建新工程

运行VIVADO，出现如图3.2所示的界面。

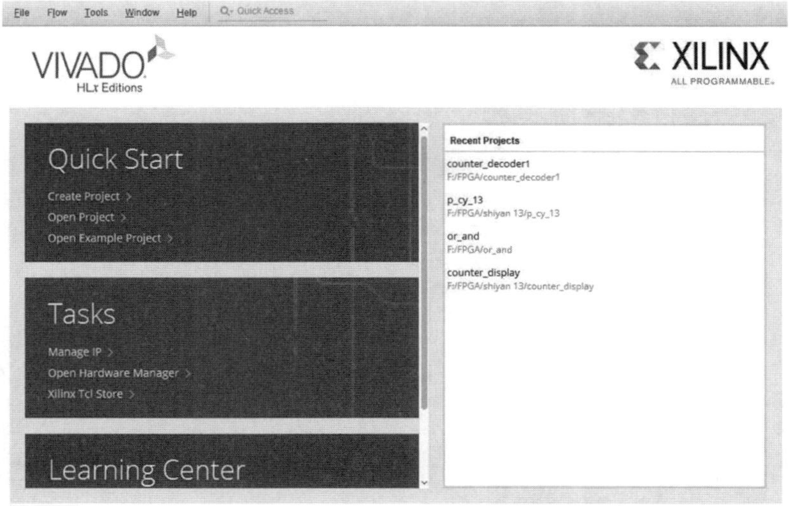

图3.2　VIVADO运行初始界面

在图3.2左侧快捷操作区点击“ Create Project”（或者点击“File”，选择“New Project”），弹出“创建新工程向导”窗口，如图3.3所示。

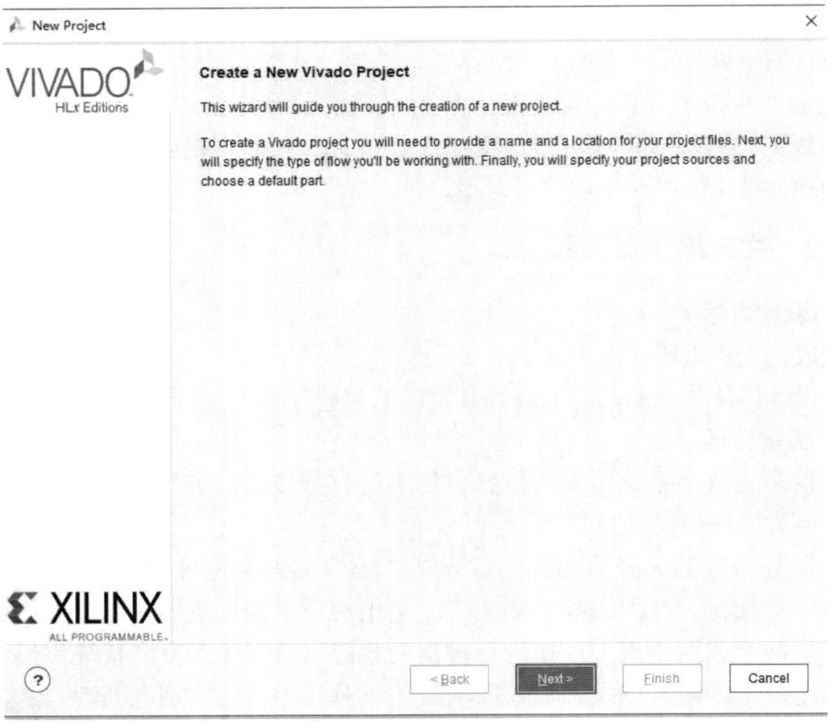

图3.3　创建新工程的向导

点击“Next”进入下一步，弹出如图3.4所示的窗口对新创建的工程进行命名并选择。

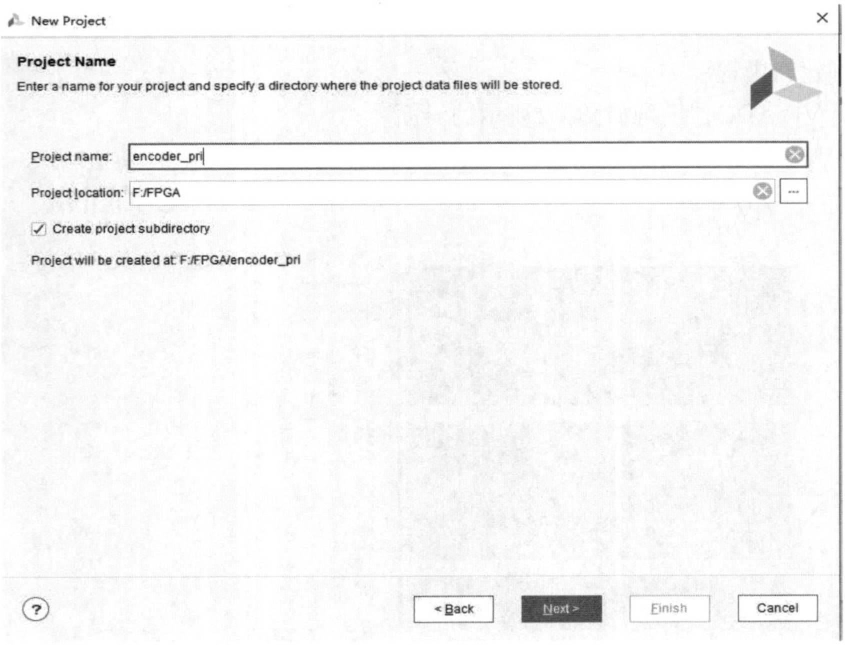

图3.4　工程命名及存储路径选择

对工程的命名要便于查找，这里的工程命名为“encoder_pri”，工程名称和存储路径均不能包含中文，否则在后面的设计过程中会报错。

完成以上内容之后点击 “Next”，弹出选择“工程类型”的窗口，选择RTL工程即可。

继续点击“Next”，会依次出现“Add Sources”“Add Constrains”窗口，要求添加设计源文件以及约束文件，这里先搭一个空架子，后面再去添加内容，这两项均可以直接点击“Next”按钮。然后进行FPGA器件选型，如图3.5所示，可以直接输入器件型号查找，也可以通过图3.5中的条件筛选芯片系列、封装形式、速度等级等。实验中选用的FPGA芯片型号为xc7a35tftg256-1，它属于Artix-7系列，封装形式为ftg256。

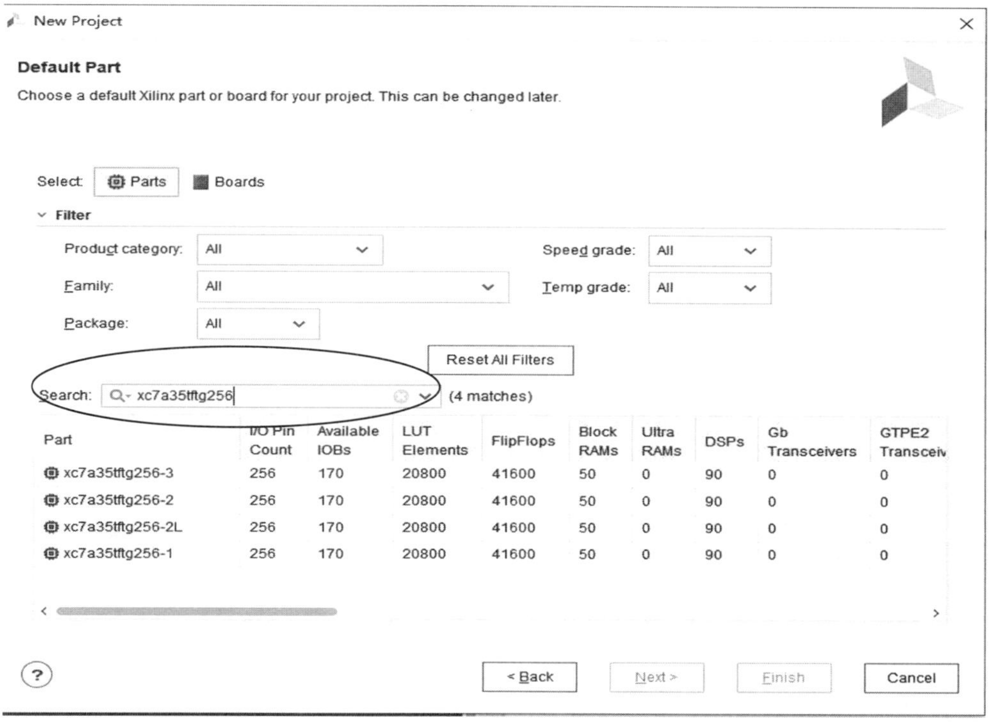

图3.5　FPGA器件选型

点击“Next”，弹出“工程摘要”窗口如图3.6所示，显示相关信息，并且提示目前工程没有设计文件和约束文件，需要在后续进行添加。

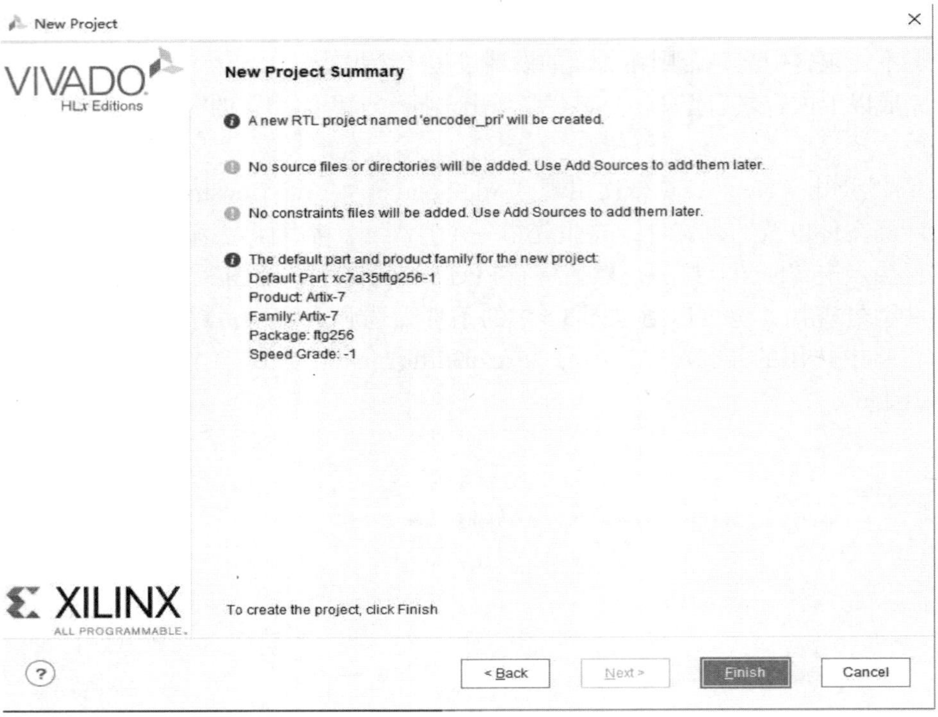

图3.6　工程摘要窗口

点击“Finish”，弹出“Create Project”窗口，滚动条滚动显示初始化，正在创建新工程。创建好后，系统展示如图3.7所示的界面。

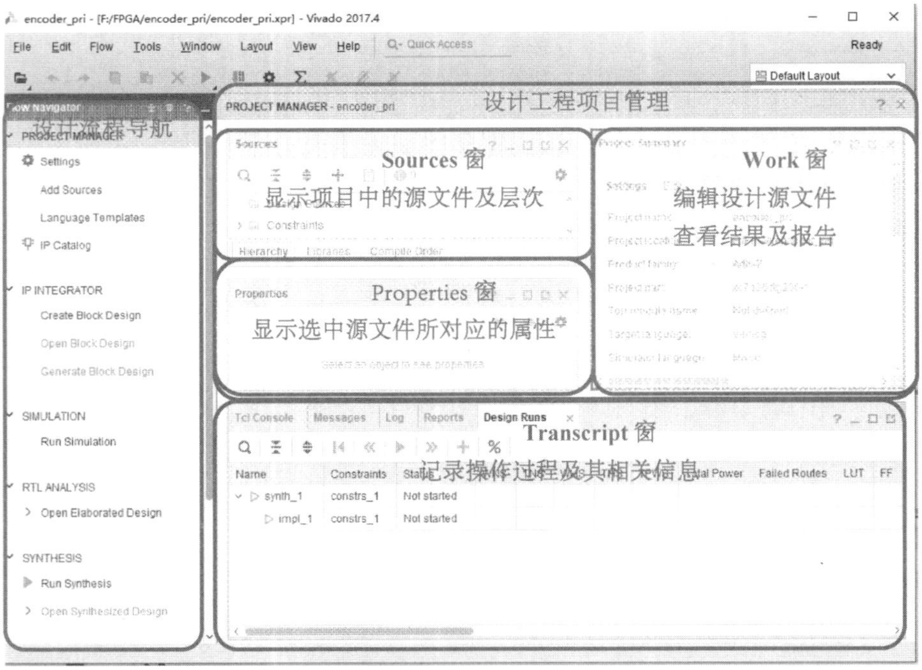

图3.7　Vivado工作主界面

至此，我们创建了一个没有任何自己编写源文件的新工程。在相应的存储目录下，软件设立了各种子目录，后期的各类文件数据会分别存入对应的子目录。当再次打开该工程时，只需要运行后缀为“.xpr”的工程文件。

2. 添加设计源文件

接下来，进行优先编码器的设计输入。如图3.8所示，单击项目管理器Sources窗口中的“+”图标，或者在流程向导“Flow Navigator ”下“PROJECT MANAGER”中点击“Add Sources”，将会出现添加源文件的向导，如图3.9所示。

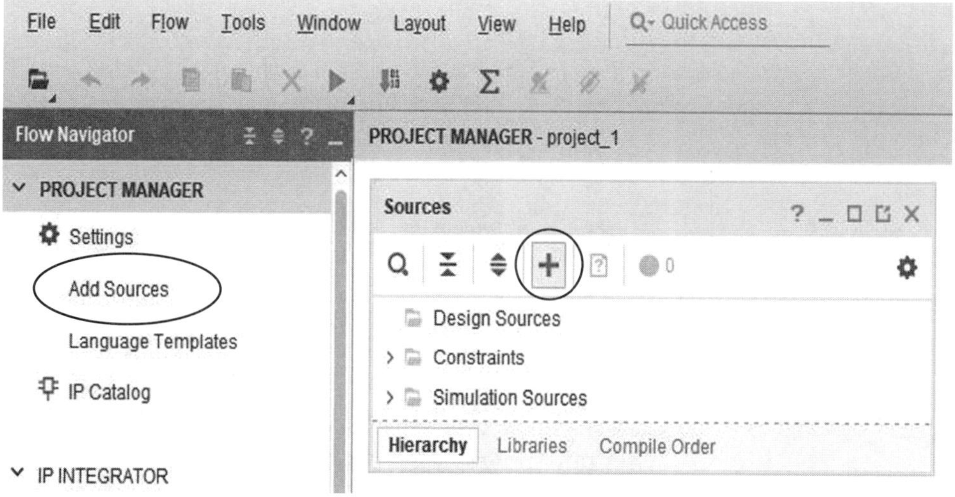

图3.8　添加源文件操作指示界面

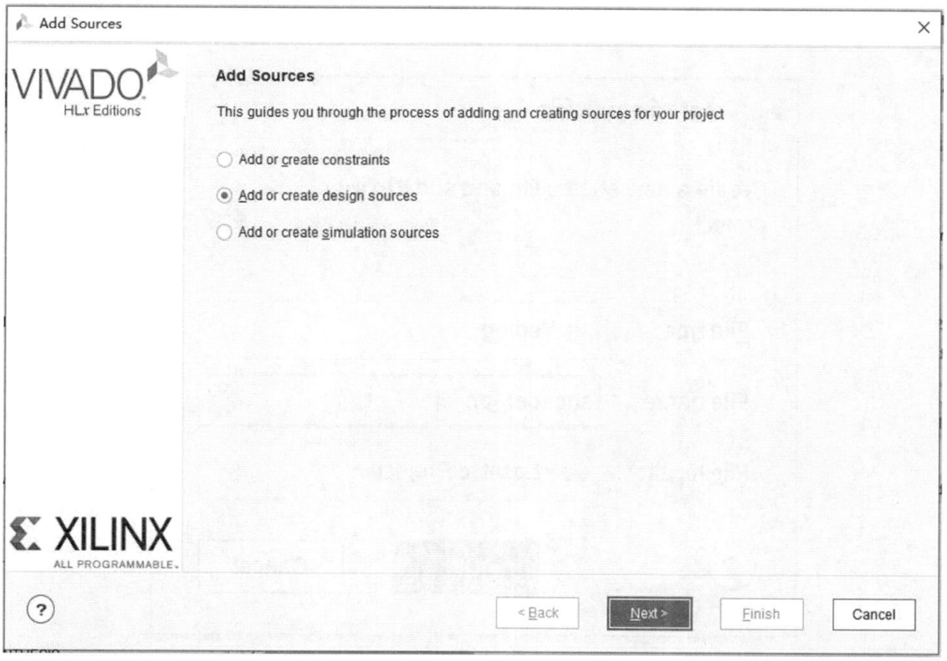

图3.9　添加源文件向导

选择“Add or Create Design Sources”，点击“Next”，弹出图3.10添加设计源文件的窗口。要开启一个全新的设计，需点击“Create File”。

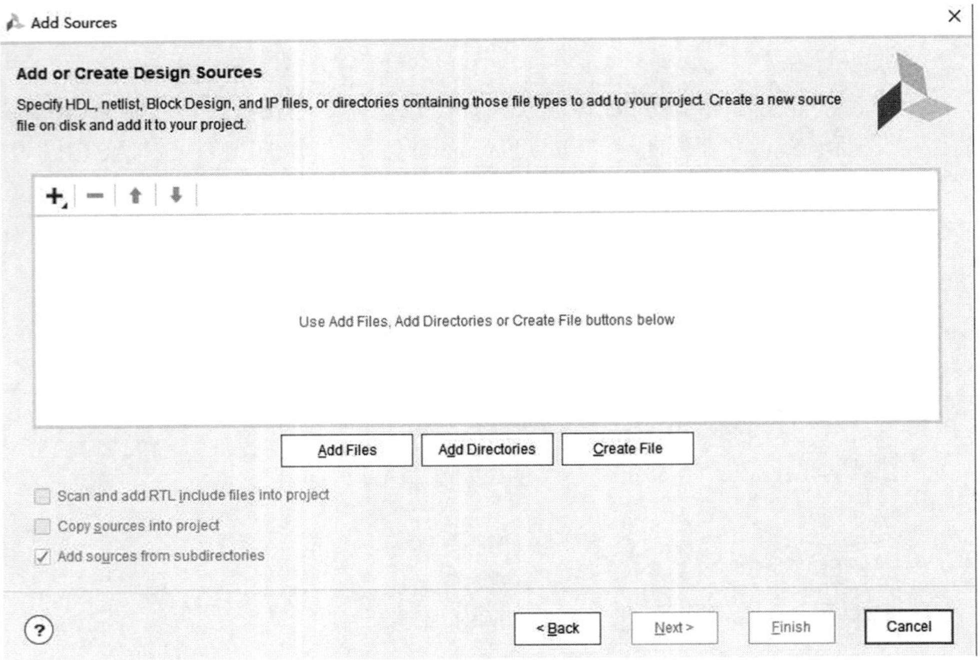

图3.10　添加设计源文件的窗口

在图3.11窗口中，选择设计文件的类型。这里选择“Verilog”，输入文件名“encoder_pri_8”，点击“OK”，文件“encoder_pri_8.v”将被加到图3.9界面中间的列表中。

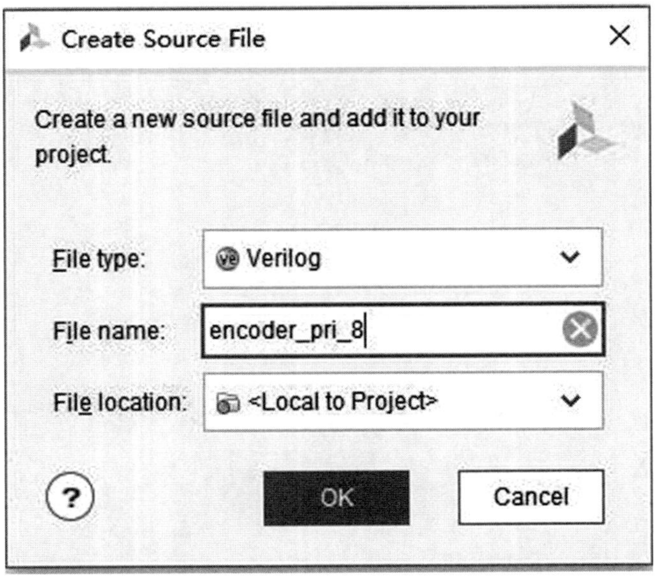

图3.11　创建源文件窗口

此前，图3.10界面中“Finish”按钮为灰色，列表中加入源文件之后，“Finish”按钮被激活。点击 “Finish”按钮，系统弹出图3.12定义设计模块的界面。

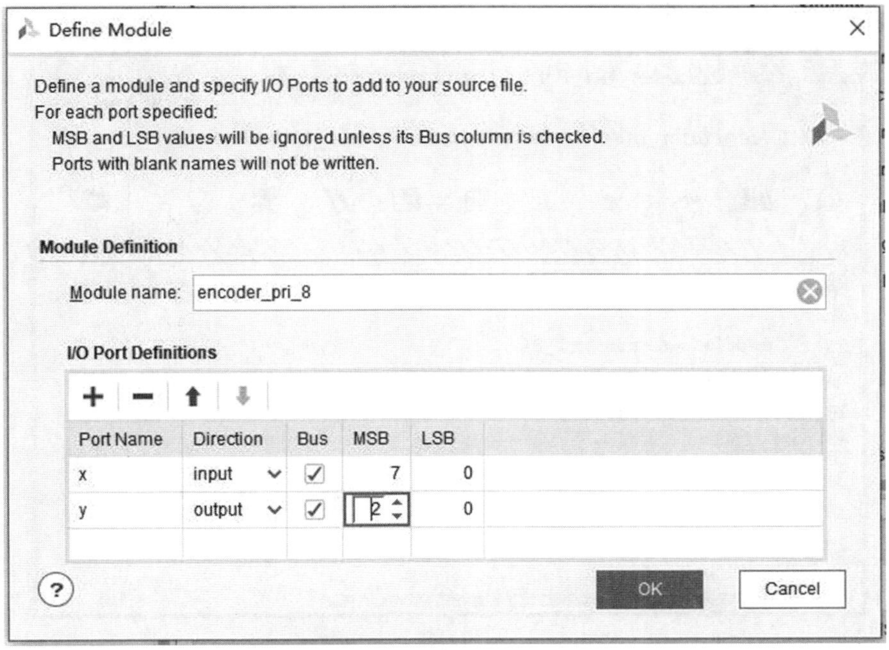

图3.12　定义设计模块的界面

系统默认模块名和设计文件名一致，设计者也可以自己更改模块名。在图3.12列表中还可以进行输入端口输出端口的定义，根据设计要求定义输入为x[7：0]，输出为y[3：0]。

不是这里进行输入端口、输出端口的定义，而是在后续的编辑器中定义。点击 “OK” 完成设计源文件的添加。添加好的设计源文件将显示在Vivado工作主界面“Sources”窗口的“Design Sources”目录下，如图3.13所示。

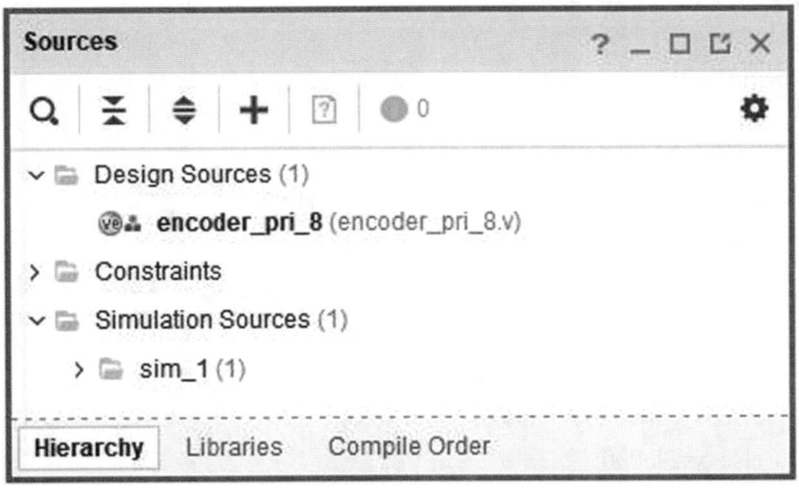

图3.13　添加设计源文件后的“Sources”窗口

现在的设计文件“encoder_pri_8.v”并没有对输入、输出关系的描述，双击“Sources”窗口中的“encoder_pri_8.v”文件，Vivado在工作主界面右侧打开如图3.14所示的文本编辑窗口。

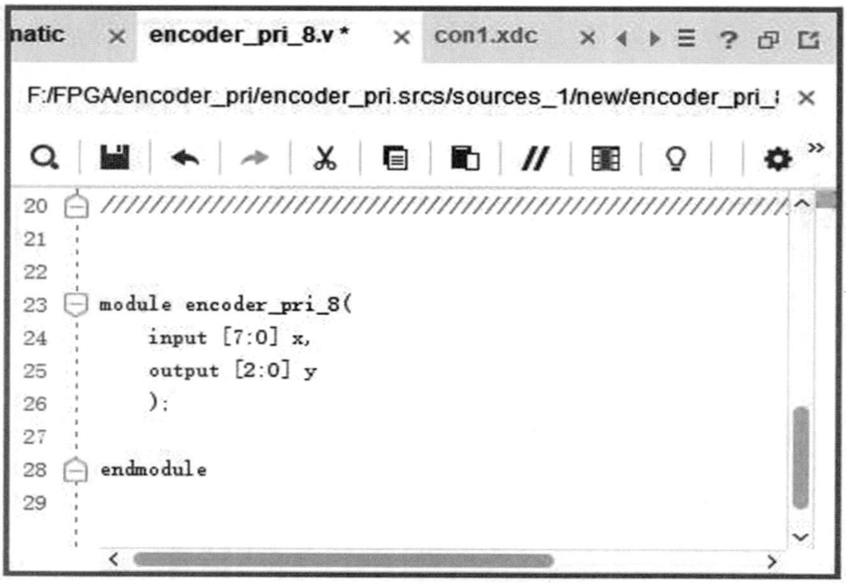

图3.14 Vivado源代码编辑器窗口

将如下优先编码器源代码补充完整：

```
module encoder_pri_8(
   input [7:0] x,
   output [2:0] y
   );
    reg[2:0] y;

         always@(x)
         begin
            if(x[7]==1)y=3'b111;
            else if(x[6]==1)y=3'b110;
            else if(x[5]==1)y=3'b101;
            else if(x[4]==1)y=3'b100;
            else if(x[3]==1)y=3'b011;
            else if(x[2]==1)y=3'b010;
            else if(x[1]==1)y=3'b001;
            else if(x[0]==1)y=3'b000;
            else  y=3'b000;
          end
```

endmodule

3. 进行RTL分析

RTL分析是对源代码进行寄存器传输级别的分析，生成寄存器传输级别的电路，但并不是综合之后的电路。

如图3.15所示，点击Vivado工作主界面左侧流程向导的“RTL ALANYSIS”目录下的“Open Elaborated Design”（如果有如图3.15所示的弹窗，点击“OK”），将完成对设计的解析并打开解析的设计，在工作主界面右侧得到如图3.16所示的RTL分析电路图。

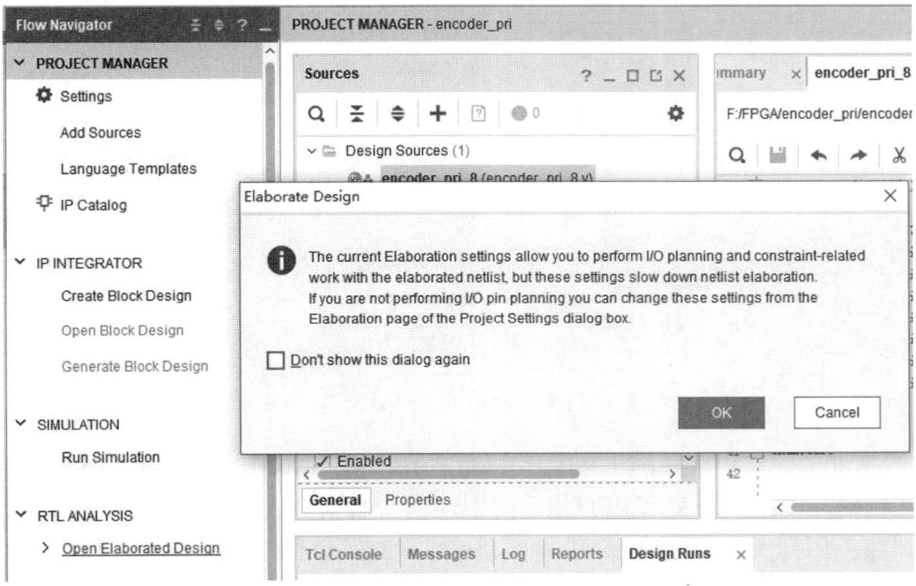

图3.15　选择进行RTL分析

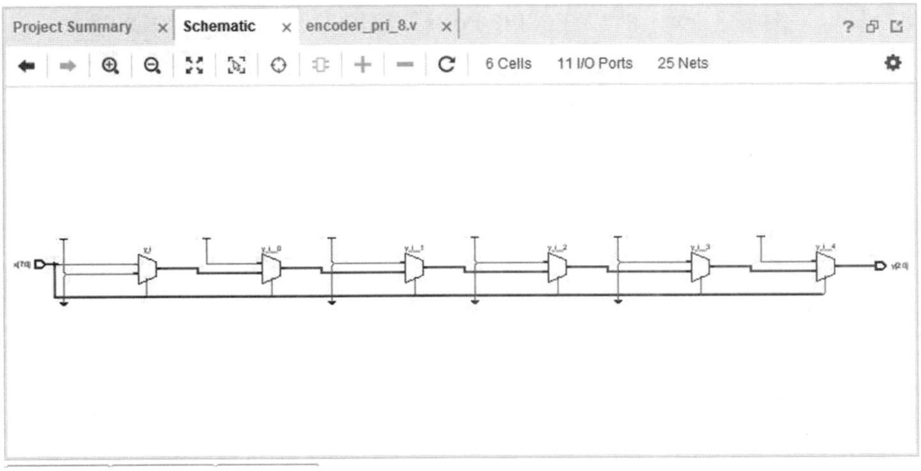

图3.16　RTL分析电路图

4. 添加约束

约束是将设计者设计的接口与所选用的FPGA芯片管脚建立一一对应的关系。

添加约束的方法有多种，这里介绍两种。

第一种方法，如果我们进行了RTL分析，已经有了电路的相应接口。如图3.17所示，点击“Vivado”工作主界面上方“Window”菜单下的“I/O Ports”选项。

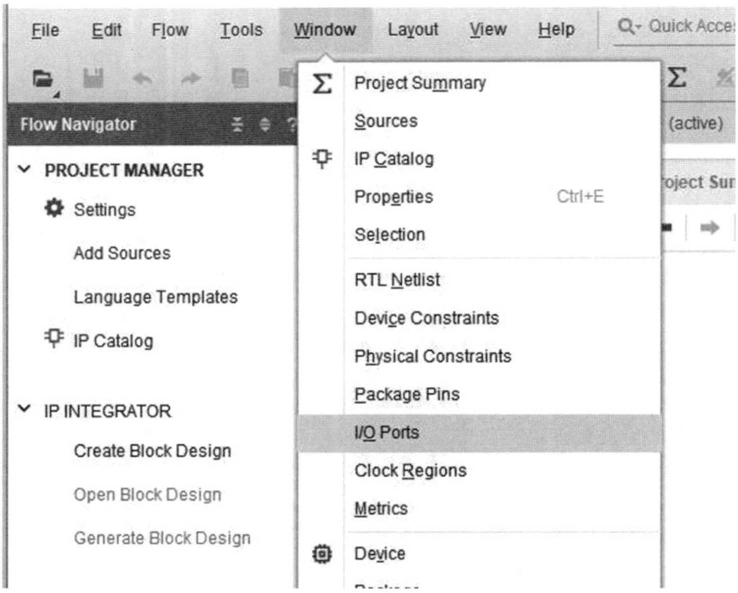

图3.17　打开I/O Ports窗口

在Vivado工作主界面下方会打开“I/O Ports”窗口如图3.18所示，根据FPGA口袋开发板资源中拨码开关和LED指示灯对应的管脚信息，对输入、输出进行管脚分配。例如：用开关SW0控制x[0]，所以将管脚T9分配给x[0]；输出y[0]用LED0显示，所以将管脚P9分配给y[0]。

在这个环节还必须要设置管脚的电平标准，默认值为LVCMOS18，我们实验用的开发板高电平对应3.3 V，所以在“I/O Ports”窗口中选择“LVCMOS33”。

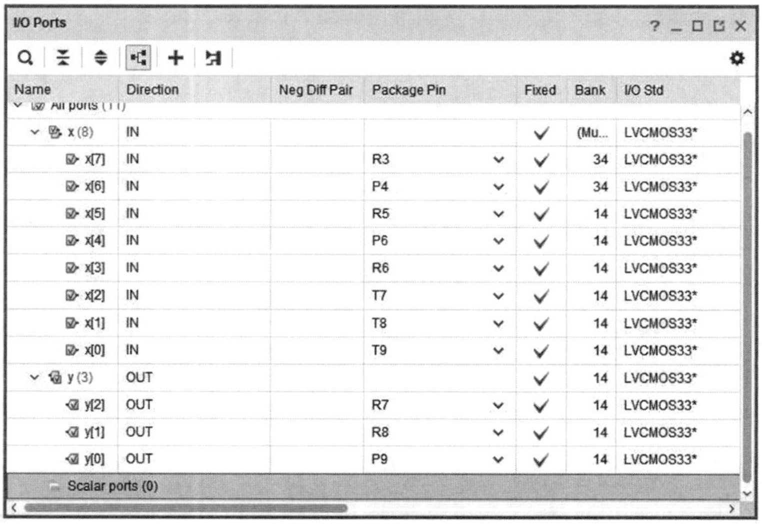

图3.18　I/O Ports窗口

保存约束信息，将会弹出相应窗口进行约束文件的命名，如图3.19所示。

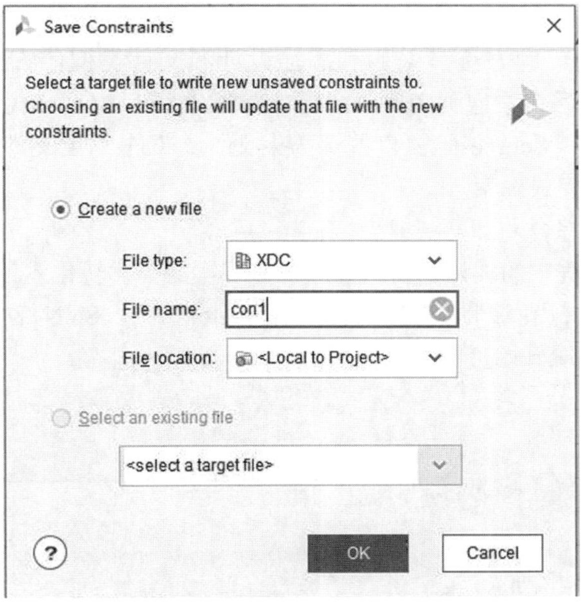

图3.19　约束文件的命名及保存

点击“OK”，约束文件“con1.xdc”将显示在“Sources”窗口的“Constraints”目录下。双击“con1.xdc”，将在Vivado主界面右侧打开文本编辑器，显示约束文件对应的代码，如图3.20所示。

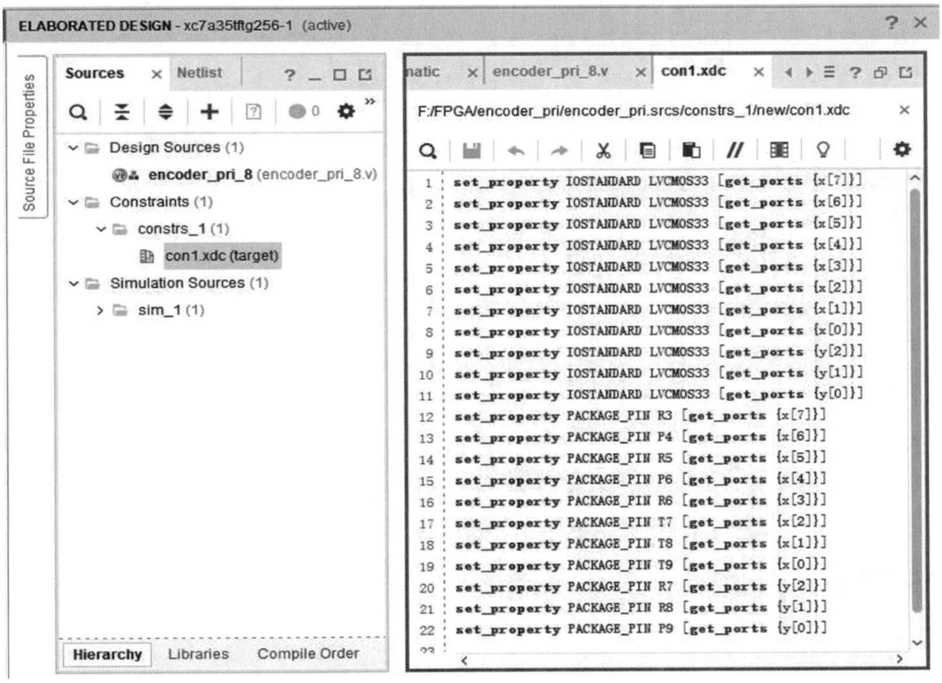

图3.20　文本编辑窗口中显示的约束文件代码

从图3.20中可以看出，和每个端口相关的代码有两句：一句体现端口管脚分配的情况，另一句体现管脚的电平标准。

第二种添加约束的方法是采用和添加设计源文件类似的方式完成约束。点击“Add Sources”，然后在添加源文件的向导中选择“Add or Create Constrains”，创建约束文件完成后，在“Sources”窗口找到约束文件，双击约束文件，在文本编辑器中以输入代码的方式完成约束。

5. 对设计进行综合

综合类似于编程中的编译，将较高级抽象层次的描述转化成较低层次的描述。

如图3.21所示，在流程向导“Flow Navigator”中“SYNTHESIS”目录下点击“Run Synthesis”系统开始进行综合。

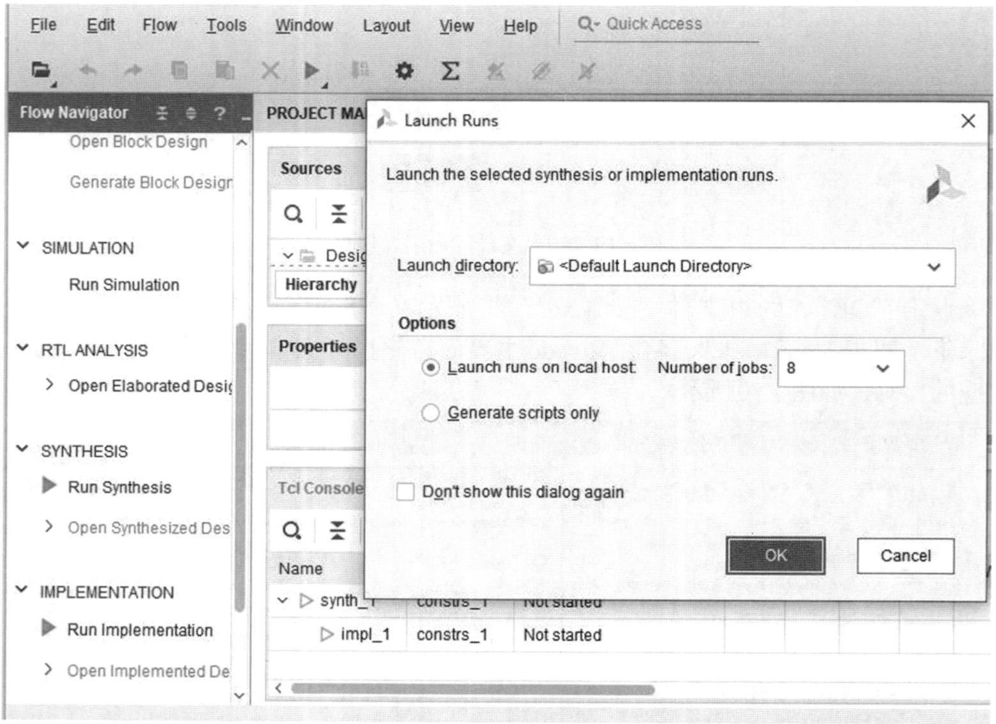

图3.21　运行综合

在Vivado主界面右上角以及下方的“Transcript”窗口的“Design Runs”信息区将显示当前正在进行的工作，如图3.22所示。我们需要等待综合的完成，在此期间不要进行其他操作。综合完成后主界面右上角以及下方的信息区将会有提示（在系统不同的设置下，也可能有弹窗提示）。如果设计文件有错，系统会有相关提示，具体内容显示在“Transcript”窗口的“Messages”信息区。

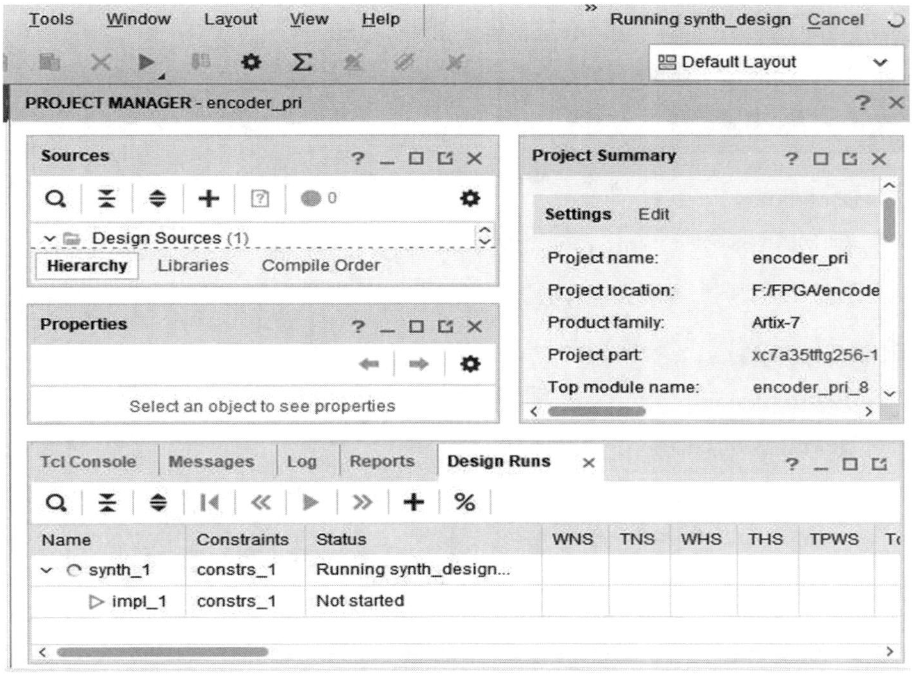

图3.22　综合进度提示

6. 对设计进行实现

实现是对设计进行布局布线的过程。它的操作和综合类似。在流程向导“Flow Navigator”中“IMPLEMENTATION”目录下点击“Run Implementation”系统开始进行实现。

在Vivado主界面右上角以及下方的“Transcript”窗口的“Design Runs”信息区将显示当前正在进行的工作。我们需要等待实现的完成，在此期间不要进行其他操作。实现完成后主界面右上角以及下方的信息区将会有提示（在系统不同的设置下，也可能有弹窗提示）。如果约束文件有错，系统会有相关提示，具体内容显示在“Transcript”窗口的“Messages”信息区。

7. 编程和调试

在流程向导“Flow Navigator”中“PROGRAM AND DEBUG”目录下点击“Generate Bitstream”，系统开始生成支持JTAG调试的比特流文件。

比特流文件生成以后在弹窗或者在流程向导“Flow Navigator”中“PROGRAM AND DEBUG”目录下点击“Open Hardware Manager”，打开硬件管理器。硬件管理器窗口显示在Vivado主界面中部的上方，覆盖了原来“Sources”窗口的位置。

用数据线连接电脑的USB端口和FPGA开发板的JTAG端口。连接好之后，如图3.23选择流程向导Flow Navigator→PROGRAM AND DEBUG→Open Hardware Manager→Open Target→Auto Connect；或者在硬件管理器窗口上部提示信息部分直接点击“Open Target”选择“Auto Connect”，连接开发板。

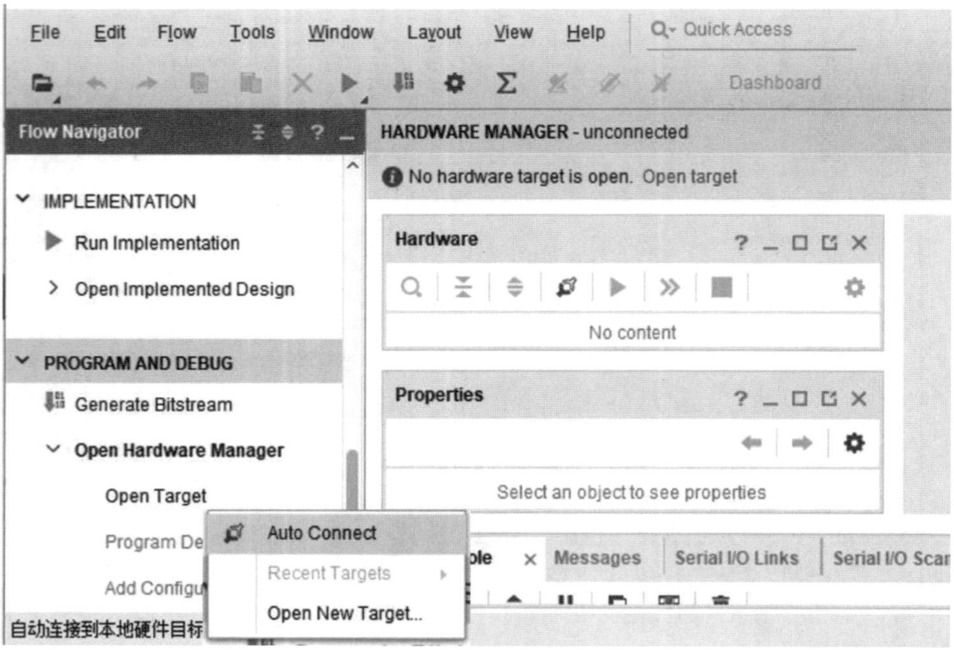

图3.23　连接目标开发板

连接成功后，硬件管理窗口会显示相关硬件信息。

接下来下载已经生成的比特流文件，选择流程向导Flow Navigator→PROGRAM AND DEBUG→Open Hardware Manager→Program Device；或者在硬件管理器窗口上部提示信息部分直接点击“Program Device”，弹出如图3.24所示的对话框。

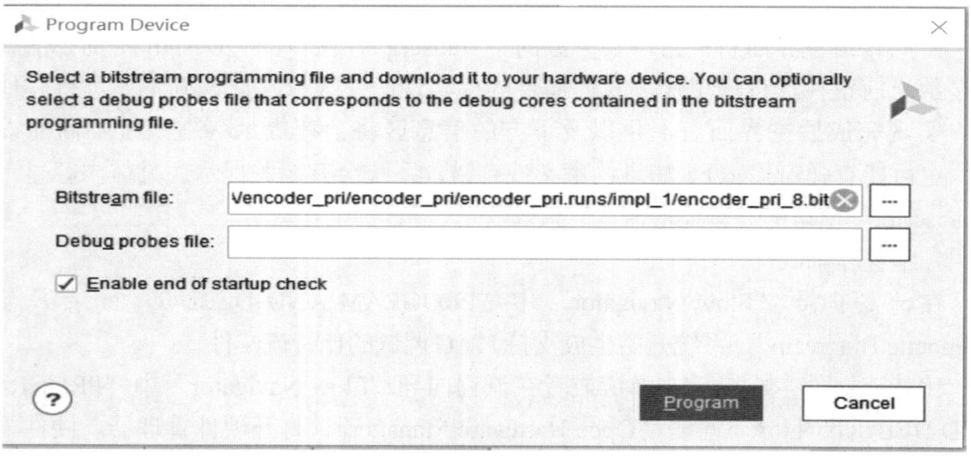

图3.24　选择需要下载的比特流文件

一个工程中如果约束不同，可以生成多个比特流文件，可以点击文件名后方按钮选择要下载的文件，比特流文件所在位置是在本工程目录→***.runs→impl_1目录下。点击“Program”，下载文件。下载完成后，拨动开关SW0～SW9观察指示灯LED0～LED2，测试设计的电路是否满足要求。

要注意的是，这里下载采用的是JTAG调试模式，如果开发板断电再上电或者复位后（比如，按下开发板LED指示灯上方的复位键），开发板将不能实现相应的功能。

如果开发板在复位后还能实现设计的功能，需要进行设置，生成最终的bin目标文件，并对存储设备进行配置。这里暂时不做研究。

三、实验任务

1. 理解并改写原理中的例程，设计一个10-4优先级编码器，具体要求如下：

➢ 十个输入，高电平有效。X9优先级最高，X0优先级最低；

➢ 四位输出，输出高电平有效。

2. 下载演示你设计的10-4优先级编码器，输入由拨动开关提供，输出通过LED指示。

优先编码器实验任务演示

四、常见问题与解决方法

现象1：在综合时提示出错。

解决方法：根据“Transcript”窗口的“Messages”信息区的提示，检查源代码语法是否错误，标点符号是否错误的采用了中文字符输入，工程的名称以及存储路径中是否包含了中文。

现象2：在综合时提示出错。

解决方法：根据“Transcript”窗口的“Messages”信息区的提示，检查约束文件中每一个输入端口、输出端口是否分配了正确的管脚，是否定义了正确的电平标准。

现象3：下载时提示“program_hw_devices failed due to earlier error”。

解决方法：在工程摘要中检查FPGA型号是否选错，或者选择流程向导Flow Navigator→PROJECT MANAGER→Settings，在设置窗口确认FPGA型号是否正确。如果型号选错，选择正确的型号，再重新生成比特流文件。要注意的是新生成的比特流文件在工程目录下“***.runs”子目录中，最新的一个“impl_*”里，下载时注意选择正确的比特流文件。

五、思考题

1. VIVADO中设计文件的后缀是什么？约束文件的后缀是什么？

2. 本实验中生成的比特流文件存储路径是什么？

3. 本实验中，开发板复位后能不能实现之前下载到开发板的设计？为什么？

3.2　实验十一　译码器的实现

一、 设计目标

1. 在1位数码管上显示0～9，仿真并下载。

2. 在1位数码管上显示0～F，仿真并下载。

二、 实验原理

1. 8421BCD-七段显示译码器的工作原理

我们使用的开发板上的数码管是六位一体的七段共阴LED数

数码管显示译码器的实现原理

码管，各个数码管相同的段是接在一起的，有8个引脚A、B、C、D、E、F、G、DP，称为段码。另外，6个数码管有6个低电平有效的控制引脚，称为位码，是各自独立控制的。所以，图3.25中的位码是低有效，段码是高有效。

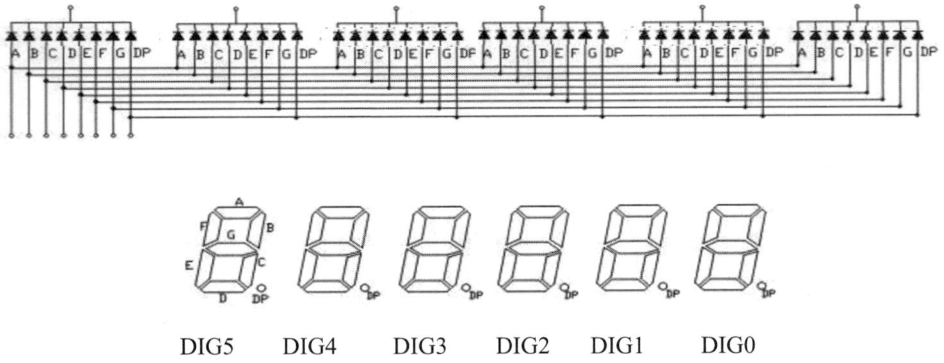

图3.25　六位一体的LED数码管

驱动共阴数码管的8421BCD码-七段显示译码电路真值表见表3.1所列。

表3.1　8421BCD-七段显示译码器真值表

输入					输出								LED显示字形
ain3	ain2	ain1	ain0		a	b	c	d	e	f	g	DP	
0	0	0	0		1	1	1	1	1	1	0	0	0
0	0	0	1		0	1	1	0	0	0	0	0	1
0	0	1	0		1	1	0	1	1	0	1	0	2
0	0	1	1		1	1	1	1	0	0	1	0	3
0	1	0	0		0	1	1	0	0	1	1	0	4
0	1	0	1		1	0	1	1	0	1	1	0	5
0	1	1	0		0	0	1	1	1	1	1	0	6
0	1	1	1		1	1	1	0	0	0	0	0	7
1	0	0	0		1	1	1	1	1	1	1	0	8
1	0	0	1		1	1	1	0	0	1	1	0	9
1	0	1	0										
1	0	1	1										
1	1	0	0										
1	1	0	1		0	0	0	0	0	0	0	0	无显示
1	1	1	0										
1	1	1	1										

用Verilog HDL语言描述为：

```
module decoder_7seg(
input   [3:0] ain,    //输入四位二进制码
output reg [7:0] seg,  //段码
output [5:0] dig    //位码
);
assign dig = 6'b011111;//显示在左边第一个数码管
always@(ain)
     case(ain)
          4'b0000: seg = 8'b11111100;//a～g～DP顺序
          4'b0001: seg = 8'b01100000;
          4'b0010: seg = 8'b11011010;
          4'b0011: seg = 8'b11110010;
          4'b0100: seg = 8'b01100110;
          4'b0101: seg = 8'b10110110;
          4'b0110: seg = 8'b00111110;
          4'b0111: seg = 8'b11100000;
          4'b1000: seg = 8'b11111110;
          4'b1001: seg = 8'b11100110;
          default: seg = 8'b00000000;
     endcase
endmodule
```

数码管显示译码器的设计到下载示例

2. 七段显示译码器的行为仿真

完成了项目的设计源文件输入以后，根据需要可使用VIVADO内部自带仿真工具进行仿真。仿真文件常见的形式如下：

```
module sim;
     reg …;         //输入/输出变量类型定义
     wire…;      //输入/输出变量类型定义
     initial begin …;  …;  …;  end … …//初始化激励信号
     always #delay  begin …;  end  … …//产生激励信号
     Testmodule  uut(.in1(ina), .in2(inb), .out1(outa), .out2(outb));
     //设计模块的实例引用
endmodule
```

仿真文件中常用的过程块有initial块和always块。所有的过程块都在0时刻同时启动；它们是并行的，在模块中不分前后。initial块只执行一次，always块只要符合触发条件就可以循环执行。

七段显示译码器仿真文件代码如下：

```
module sim_1;
     reg  [3:0] ain;
```

```
    wire [7:0] seg;
    wire [5:0] dig;
    decoder0_9  uut(ain,seg,dig);
    initial
    begin
    ain = 0;
    end
    always #10 ain = ain+1;
endmodule
```

仿真主要流程如下：

数码管显示译码器的仿真示例

（1）打开当前工程，点击创建文件；

（2）创建一个新的仿真文件；

（3）输入仿真文件名，注意仿真文件名不能和设计文件名完全一样；

（4）添加仿真程序；

（5）执行仿真。

仿真结束后可以将仿真界面窗口最大化。将仿真波形里的输入输出值与设计文件里的对应值相比较，验证结果是否和设计的一致。

三、实验任务

1. 用Verilog HDL语言完成8421BCD码译码显示电路设计。在最左边的1位七段数码管显示数字0～9，以开发板上拨动开关为输入、数码管为输出，完成下载和仿真测试。查看RTL分析原理图。

2. 用Verilog HDL语言完成4位二进制译码显示电路设计。在最右边的1位数码管上显示数字0～F（0、1、2……9、A、b、c、d、E、F），完成下载和仿真测试。查看RTL分析原理图。

BCD码显示译码器实验演示

四、常见问题与解决方法

现象1：在实现1位数码管上显示0～F实验中，数码管显示的数字或符号有重复的现象。

解决方法：如有重复，可改写设计文件中case语句中的段码seg的值以避免重复。

现象2：仿真波形界面显示不完整。

解决方法：仿真时可单击工具栏中的“放大”“缩小”等按钮，将波形调整到合适的显示大小。

五、思考题

1. 如果开发板上用的是七段共阳LED数码管，应如何修改程序代码？

2. 设计一个2-4译码器，规定模块定义为module decoder2_4（y，a，b），其中y为译码器的输出，高电平有效。a、b为译码器的输入，b为高位，a为低位，高电平有效。要求：写出2-4译码器完整的Verilog设计程序。

3.3　实验十二　计数器的实现

一、设计目标

1. 设计基于FPGA的计数器、分频器、定时器。

2. 利用例化方式进行基于FPGA的层次化设计。

计数器实验目的
及赋值语句简介

二、实验原理

计数器可以实现计数、定时、分频、产生脉冲序列等功能。

（一）计数器设计的关键Verilog语句

在用FPGA实现计数器的设计中常用到以下关键语句。

1. 模块例化语句

一个模块能够在另外一个模块中被调用，这样就建立了描述的层次。对低层次模块的调用称为模块的例化。

模块实例语句形式：例化模块名 例化名 <端口列表>;
信号端口可以通过位置或信号名关联，但是关联方式不能够混合使用。

模块1：

```
module HA(P,Q,S1);
   input P;
   input Q;
   output S1;
………
```

模块2:

```
module test( a,b,c);
   input a;
   input b;
   output c;
……
```

被调用的模块名为HA，例化的模块名为test，其中的h1和h2是例化名。

HA h1（a，b，c）；是通过位置关联的。HA h2(.P(a)，.Q(b)，.S1(C))；是通过信号名关联的。

两种关联是等效的，例化后相当于图3.26的连接关系。

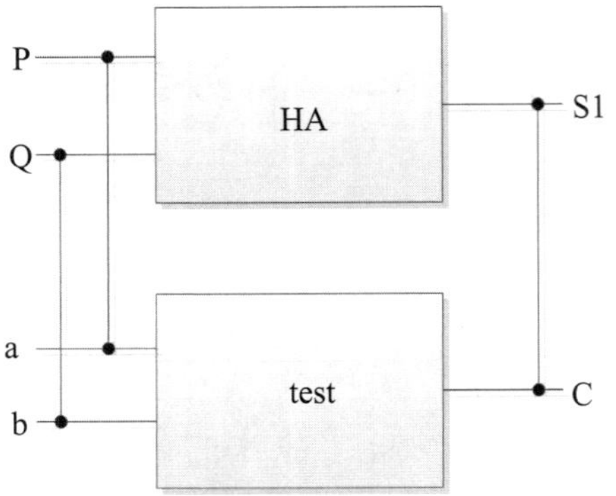

图3.26　模块例化连接图

2. 数据类型

常量包括整数、x和z值、参数。

（1）整数：<位宽><进制><数字>，例如： 4’b 1101；//位宽为4位的二进制数1101。

（2）x和z值：不定值和高阻值，例如：8’h4x；//位宽为8位的十六进制数，低4位值为不定值。

（3）参数（parameter）型：用parameter定义一个标识符，来代表一个常量，称为符号常量，采用符号常量可提高程序的可读性和可维护性。

parameter型数据的说明形式如下：

parameter 参数名1=表达式，参数名2=表达式，……参数名*n*=表达式；

例如：parameter a=3，b=50；//定义2个常数参数

　　　parameter r=6.3；//定义r为一个实型参数

　　　parameter delay=（a + b）/3r；//用常数表达式赋值。

参数型常量常用于定义延时时间或变量宽度，在模块或实例引用时，可通过参数传递改变在被引用模块或实例中已定义的参数。

3. 运算符

（1）算数运算符：+（加），–（减），*（乘），/（除），%（模运算符）。

（2）关系运算符：==（等于），!=（不等于），<（小于）……

（3）逻辑运算符：&&（逻辑与），11（逻辑或），！（逻辑非）

（4）位运算符：&（与），1（或），～（非）……

（5）移位运算符：>>（右移），<<（左移）。

4. 过程赋值

过程赋值应用于过程块之中，分为阻塞式赋值和非阻塞式赋值。

阻塞式赋值：运算符“=”，在一个过程块内的多条阻塞赋值语句按照编写顺序依次执行。

非阻塞式赋值：运算符“<=”，在一个过程块内的多条非阻塞赋值语句同时执行。

（二）计数器设计示例

1. 基础N位同步计数器的设计

要求上升沿触发、同步计数器、计数模值通过msb参数可调整，计数模值为2（msb+1）。

*n*位二进制计数器的设计

例1中的4位二进制计数器，输出为$Q_3Q_2Q_1Q_0$，时钟为CP，输出进位信号为CO。在此示例中，使用了参数msb，当msb=3时，为4位二进制计数器；当msb=2时，为3位二进制计数器，是通过改变参数msb的值实现n位二进制计数器的方法。

例1　基础二进制计数器的设计源文件（模可变的，例子中是模16计数器）程序如下：

```
module counter_basic(CP,Q,CO);
parameter msb=3;
input CP;
output reg [msb:0] Q=0;//寄存器变量
output CO;
assign CO=&Q;//输出全1时进位为1
always @(posedge CP)
begin
  Q<=Q+1'b1;
end
endmodule
```

可通过仿真观察程序的运行结果，如图3.27所示，在下面的仿真程序中用到了例化语句。

```
module sim_counter_basic;
reg CP=0;
wire [3:0] Q;
wire CO;
counter_basic sim1(
.CP(CP),
.Q(Q),
.CO(CO)
);
always #5 CP=～CP;//每5个延迟单位后CP翻转一次
endmodule
```

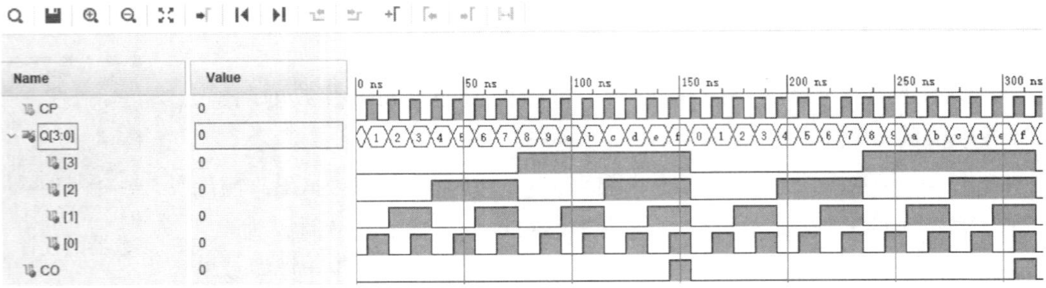

图3.27　模16计数器的仿真结果

2. 在基本计数器基础上，增加高电平有效的同步清零端。实现时，用1位拨码开关的输出作为清零信号的模16计数器设计。

例2　设计源文件程序如下：

```
module counter16_clr(CP,Q,CO,clr);
input CP,clr;
output [3:0] Q;
output CO;
counter_clr u1(.CP(CP),.Q(Q),.CO(CO),.clr(clr));
endmodule
module counter_clr(CP,Q,CO,clr);
parameter msb=3;
input CP,clr;
output reg [msb:0] Q=0;
output  CO;
assign CO=&Q;
always@(posedge CP )
if(clr==1)Q<=0;
else    Q<=Q+1;
endmodule
```

在此示例程序中，使用了2个模块，顶层模块名为counter16_clr，被例化的模块名为counter_clr。其约束文件中要增加输入的清零信号端，在FPGA开发板上可连接至逻辑开关。

3. 利用修改计数值来改变模值的模*n*计数器设计

例3　4位二进制计数器，由0000计数至1111的设计源文件程序如下：

```
module counter_4bit(clk,clr,qout);
input clk,clr;
```

任意进制计数器的设计

```
output reg [3:0] qout=0;
always@(posedge clk)
begin
  if(clr==1)  qout<=0;
  else
    if(qout==15)qout<=0;
    else   qout<=qout+1;
end
endmodule
```

可见，如改变例3中的计数结束值15为9，则可实现的就是0～9的十进制计数器了。

4. 利用计数器实现分频

例4　将50 MHz的时钟信号分频，产生1 Hz的信号。

根据分析需要对50 MHz的时钟信号进行50 M分频，可利用偶数分频原理，每25 M产生一次输出信号的翻转，即每50 M个时钟输入信号产生一个周期的输出信号，实现了产生1 s周期即频率为1 Hz的信号。

分频器设计

```
module s_div(clkin,clr,clkout);
input      clkin,clr;
output    reg   clkout=0;//用reg后面always中需要改变数值.
integer    qout=0;
always@(posedge clkin)
begin
     if(clr)
     begin
          qout<=0;clkout<=0;
     end
     else  if(qout==24999999)
     begin
          qout<=0;   clkout<=～clkout;
     end
     else   qout<=qout+1;
end
endmodule
```

5. 模块之间的连接

如果具有1 s信号产生模块、十进制计数器模块、显示译码模块，将三个模块连接后，可以在七段数码管上每隔1 s循环显示0～9。

模块的例化

例5　实现3个模块的连接，如图3.28所示。

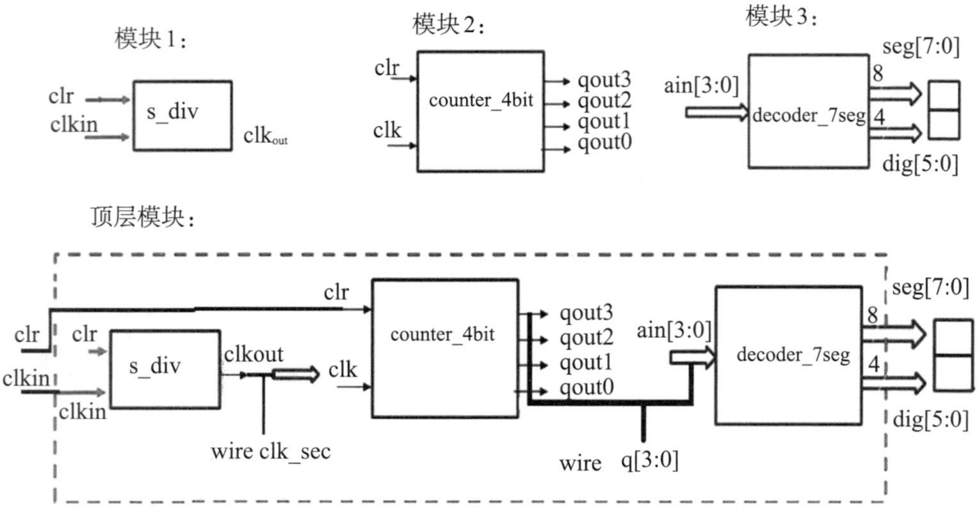

图3.28　模块的连接图

三、实验任务

1. 产生频率为1 kHz的脉冲信号，通过约束输出至I/O端口，可将输出约束至实验板上的B2，并测量B2的输出波形。

要求：用示波器实测波形。

2. 将周期为1 s的脉冲信号作为模10计数器时钟，将计数结果（0～9）显示在最右端的1位数码管上。编写完整的设计源文件、约束文件，并下载至FPGA实验板。

实验任务

实验任务1演示

实验任务2演示

四、常见问题与解决方法

现象1：1 kHz的脉冲信号产生后无法在输出端看到波形。

解决方法：检查约束文件是否将输出端约束至扩展接口，同时示波器观测波形还应与FPGA实验板共地。

现象2：在三个模块连接后，清零信号不起作用。

解决方法：注意应将外部的清零信号连至计数器的清零端，如连在1 s信号模块的清零端，则只能使不产生1 s的信号，计数器会停止计数但不清零。

现象3：无法完成模块的连接。

解决方法：在定义连线wire型变量时的名称与在例化时，注意连接模块中的端口名称是否都正确。

五、思考题

1. 在过程块中哪种赋值语句必须按照编写顺序依次执行？

2.假如clr是清零端，通过语句always@（posedge CP or posedge clr），可以知道clr是哪一种清零？

3.4　实验十三　数码管动态显示与IP核

一、设计目标

1. 基于FPGA的动态显示实现，利用6位数码管动态显示“345678”。

2. 创建6位数码管动态显示IP核，调用该IP核显示“123456”。

二、实验原理

1. 基于FPGA的数码管动态显示

动态显示方式是绝大多数多位数码管显示电路采用的工作方式。目前，我们使用的开发板上的数码管是六位一体的，器件本身就不支持静态显示。这类多位一体的数码管相同的段是连接在一起的，但可以控制数码管的公共端实现分时工作。

Verilog实现数码管动态显示

本次实验任务较之前的实验相对复杂，采用模块化的设计方法有利于问题的简化。

（1）画出系统框图（模块结构）

在之前的实验中，我们已经学习了数码管动态显示的原理，*N*位数码管动态显示的基本控制电路组成如图3.29所示。数据选择器根据计数器的输出选择出当前时刻要显示的数据，而位译码器根据计数器的输出确定哪一位数码管的公共端有效。在*N*进制计数器的一个周期中，*N*个数据可以被恰当地显示在对应的数码管上。

有了系统的整体框图，将复杂的系统，分解成相对简单、功能清晰的子模块。这既简化了设计的复杂性，又可以降低出错的风险，同时还便于将来的升级、维护。根据图3.29，我们只需要实现计数器、译码器、数据选择器等，就可以构建看似更复杂的动态显示电路。

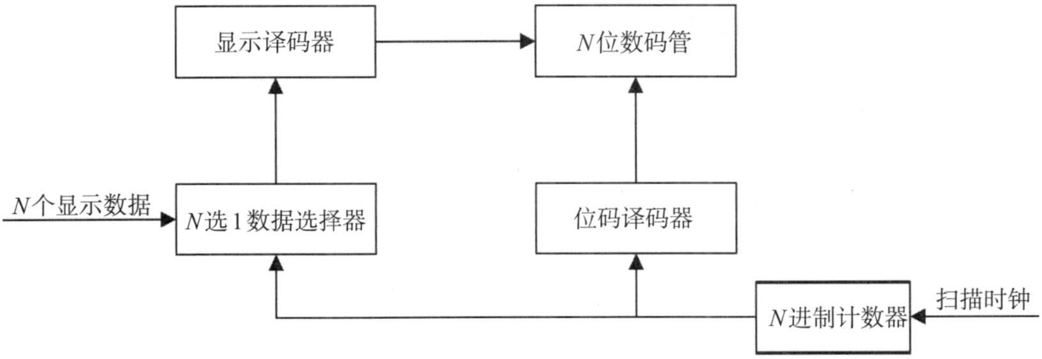

图3.29　数码管动态显示框图

（2）设计实现各分模块

根据前面实验的内容，可以设计不同的module来实现计数器、译码器等，再在顶层模块中利用例化语句调用并将它们关联起来。这种方式肯定是正确的，唯一的缺点就是整个程序稍微冗长了点。考虑到各个子模块都比较简单，可以在一个module中利用不同的always块来分别实现这几个部分。

另外，我们使用的开发板的时钟是50 MHz，对于数码管动态显示来说，频率太高。过高频率的扫描时钟既容易造成显示亮度不足，又可能产生误显的现象。那么扫描时钟的频率多少才合适呢？根据人眼的视觉特性，显示器件的刷新频率最好在50 Hz以上才不会出现闪烁的现象，这样意味着所有数码管扫描一遍的时间不应超过20 ms。例如6位数码管动态显示，扫描频率应大于300 Hz，实际中可以稍大一些，比如1 kHz左右。

以三位数码管上动态显示“789”为例，代码如下：

```
module dynamic_led3(
input clk_in,
output reg [7:0] seg,
output reg [2:0] dig
    );
    //声明3组线,数据为7、8、9
    wire [3:0] disp_data0;
    wire [3:0] disp_data1;
    wire [3:0] disp_data2;
    assign disp_data0=9;
    assign disp_data1=8;
    assign disp_data2=7;
    //分频
    reg[24:0] clk_div_cnt=0;
    reg clk_div=0;
    always @(posedge clk_in)
    begin
        if(clk_div_cnt==24999)// 50000分频
        begin
            clk_div=~clk_div;
            clk_div_cnt=0;
        end
        else
          clk_div_cnt=clk_div_cnt+1;
    end
    //三进制计数器
    reg [1:0] count=0;
    always @(posedge clk_div)
    begin
```

```
        if(count>=2)
            count<=0;
        else
            count<=count+1;
end
//位码译码器,根据计数器的结果判定哪一位数码管显示
always @(count)
begin
        case(count)
        0:dig=3'b110;
        1:dig=3'b101;
        2:dig=3'b011;
        default: dig=3'b111;
        endcase
end
//数据选择器,根据计数器的结果判定哪一个数据被显示
reg [3:0] disp_data; //被选择出的数据
always @(count)
begin
        case(count)
        0:disp_data=disp_data0;
        1:disp_data=disp_data1;
        2:disp_data=disp_data2;
        default: disp_data=0;
        endcase
end
//显示译码器
always@(disp_data)
begin
        case(disp_data)
        4'h0:seg=8'h3f;// DP,GFEDCBA
        4'h1:seg=8'h06;
        4'h2:seg=8'h5b;
        4'h3:seg=8'h4f;
        4'h4:seg=8'h66;
        4'h5:seg=8'h6d;
        4'h6:seg=8'h7d;
```

```
            4'h7:seg=8'h07;
            4'h8:seg=8'h7f;
            4'h9:seg=8'h6f;
            4'ha:seg=8'h77;
            4'hb:seg=8'h7c;
            4'hc:seg=8'h39;
            4'hd:seg=8'h5e;
            4'he:seg=8'h79;
            4'hf:seg=8'h71;
            default:seg=0;
            endcase
        end
    endmodule
```

2. IP核的创建与调用

IP核（Intellectual Property Core），意思是知识产权核，是指某一方提供的可重复用模块。由于FPGA的规模越来越大，设计越来越复杂，设计人员以IP核为基础进行设计，可以减少重复劳动，缩短设计所需的周期。有时候，我们需要把自己的一个设计反复用到以后的工程中，可以将设计封装起来（IP Package），在以后的工程中直接调用即可。

IP核

（1）创建IP核

例如基于前面的程序，创建一个3位动态显示的IP核。

新建工程，把前面的程序代码粘贴过来。需要注意的是，如果创建一个只显示“789”的IP核是没有意义的，因此需要稍作修改，例如增加输入端口，接收需要显示的信息。

```
module dynamic_led3(
input clk,
input [3:0] disp_data0,
input [3:0] disp_data1,
input [3:0] disp_data2,
output reg [7:0] seg,
output reg [2:0] dig );
```

点击菜单栏中的“Tools”下的“Create and Package New IP”，如图3.30所示，在弹出窗口中选择“Next”一直到最后“Finish”。

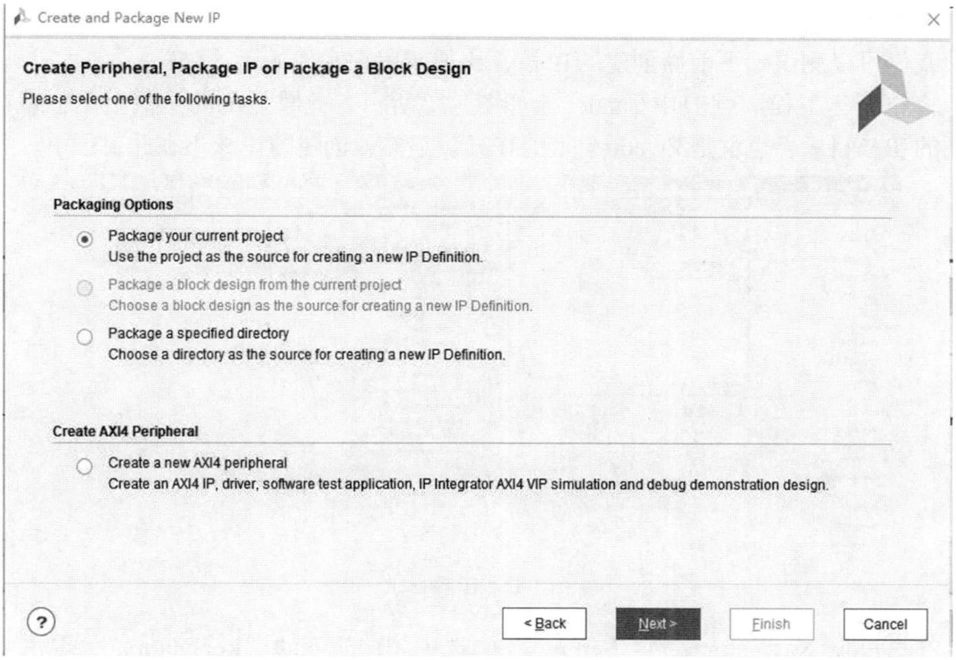

图3.30　创建IP核

最后在工作区弹出如图3.31所示的界面，包含了IP核的一些信息。

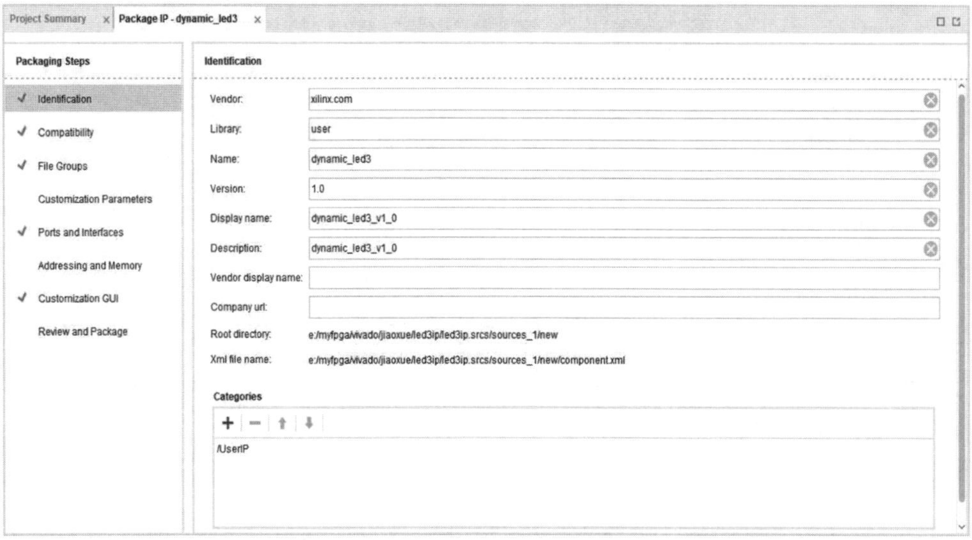

图3.31　完成IP核的创建

在图3.31界面的“Compatibility”标签下给出了这个IP可以支持的FPGA系列，默认是支持全部系列。“File Groups”中可以看到这个IP包含的文件。“Ports and Interfaces”中可以看到IP核的管脚信息。“Customization GUI”中将看到IP核的原理图图形。没有问题后切换到“Review and Package”标签，点击“Package IP”会提示成功生成IP核。

（2）IP核的调用

我们可以测试一下前面创建的IP核，比如调用它实现显示“456”。

首先新建工程。点击IP Catalog。如图3.32所示，此时显示的是这个工程现在可使用的IP核目录，也就是Vivado自带的IP核。显然，创建的IP核不在此目录中。

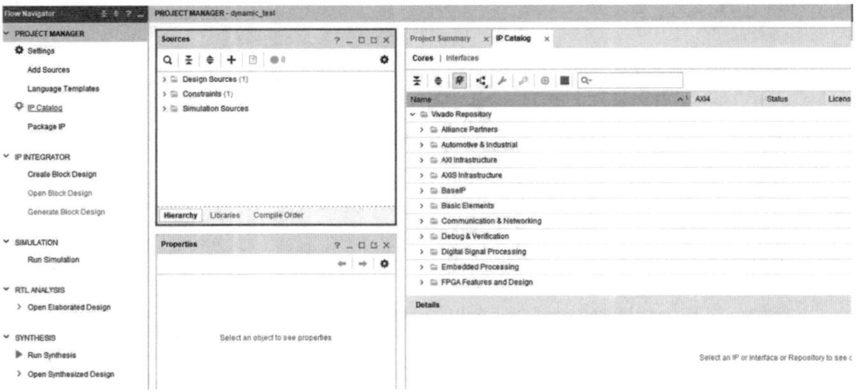

图3.32　IP核目录

在“Flow Navigator”的“Settings”中选中“IP”下的“Repository”，点击“+”添加，路径指定到刚才封装IP核的目录，如图3.33所示。

图3.33　在工程中添加IP核1

点击“Ok”，将该IP核添加到当前工程的IP核库中。此时在“IP Catalog”中就可找到自己创建的IP核。

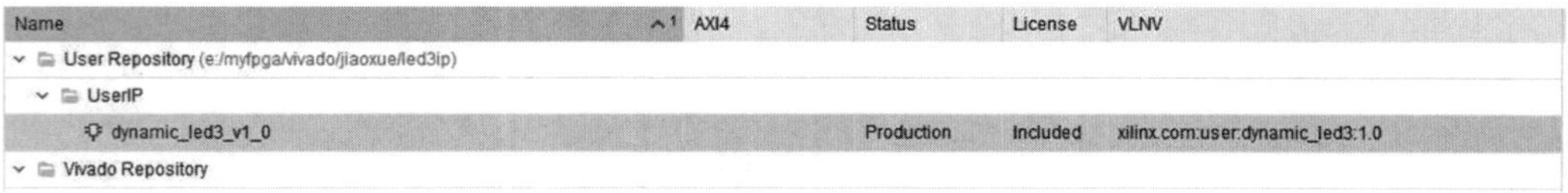

图3.34　在工程中添加IP核2

双击该IP核，可利用它在当前工程中生成相应的部件（单元电路），如图3.35所示。现在Vivado默认的部件名为“dynamic_led3_0”，也可以自己进行修改。点击“OK”，在弹出窗口中直接点击“Generate”，生成相关文件，如图3.36所示。

接着添加设计源文件，利用例化语句调用该模块实例。程序如下：

```
module led3_test(
input clk,
output [7:0]seg,
output [2:0]dig
);
dynamic_led3_0          u0(.clk(clk),.disp_data_right0(6),.disp_data_right1(5),.disp_da-
ta_right2(4),
.seg(seg),.dig(dig)); //例化语句
endmodule
```

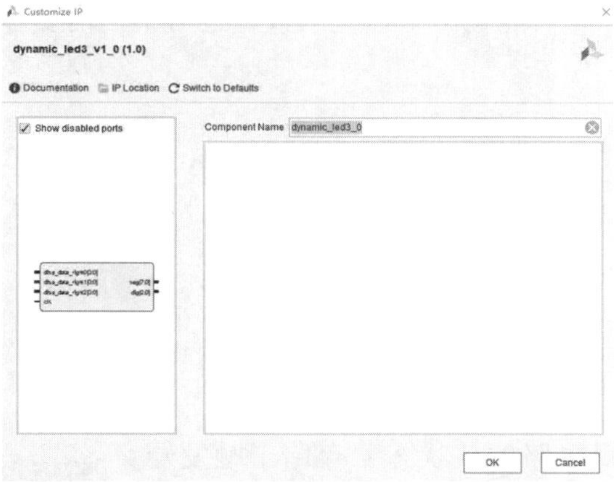

图3.35　使用IP核

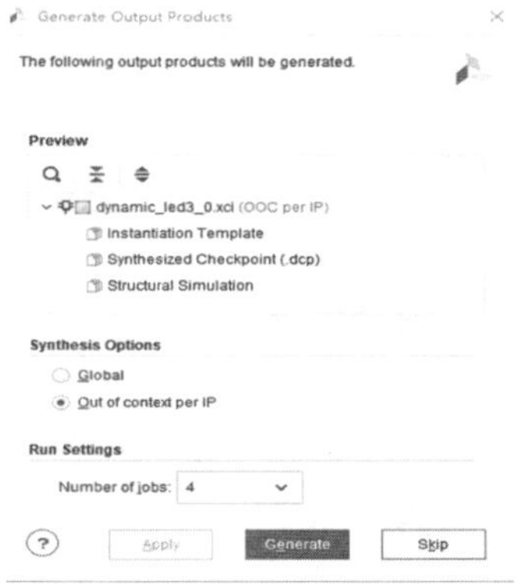

图3.36　生成相关文件

添加约束，综合、实现后，下载到开发板上验证，如图3.37所示。

图3.37　调用IP核显示“456”

三、实验任务

1. 理解并改写原理中的例程，实现6位数码管动态显示“345678”。
2. 创建6位数码管动态显示的IP核。
3. 调用自己创建的IP核，实现6位数码管动态显示“123456”。

四、常见故障与解决方法

现象1：在实现6位数码管动态显示时，低3位显示正常，高3位始终不亮。

解决方法：实现6位数码管动态显示，必须改写例程中的计数器、选择器、位码译码器部分，而且特别需要注意修改相关变量的位数。例如，如果dig（位码）的位数依然定义成3位，那么高3位始终不会显示。

现象2：调用IP核显示时出错或者总是显示固定的结果。

解决方法：应在module的声明中添加接收显示数据的端口，同时应在后面的代码中删去重复的定义。

五、思考题

1. 有同学认为动态显示的IP核中不应该包括分频的部分，请问这样的设计有什么好处？

2. 试设计一个动态显示的IP核，不仅能显示十六进制数，还可根据需要显示小数点，以及特殊字符“—”和消隐。

3.5　实验十四　有限状态机的设计

一、设计目标

1. 设计一个简单的分频器，让LED闪烁。

2. 设计时钟同步状态机控制12个LED灯实现两种可变的流水灯花样。

二、实验原理

在数字电路中，通常将时序逻辑电路的“状态”存储于触发器中，将一个触发器的输出称为一个状态变量。具有n位二进制状态变量的电路就有2^n种可能的状态。尽管这些状态可能是一个很大的数目，但总归是有限的，将这样的时序电路称为有限状态机（Finite State Machine，FSM）。

有限状态机

大多数有限状态机的状态变化所发生的时间有一个统一的时钟信号的指定边沿来激励，因此这样的有限状态机也称为时钟同步状态机。

有限状态机是指当前的输出不仅取决于当前的输入，还跟前一时刻的输出有关的时序逻辑电路。一般来说，除了输入部分和输出部分外，有限状态机还含有一组具有“记忆”功能的寄存器。这些寄存器的功能是记忆有限状态机的内部状态，它们常被称为状态寄存器。在有限状态机中，状态寄存器的下一个状态不仅与输入信号有关，还与该寄存器的当前状态有关，因此有限状态机又可以认为是组合逻辑和寄存器逻辑的一种组合，如图3.38所示。其中，寄存器逻辑的功能是存储有限状态机的内部状态；而组合逻辑又可以分为下一状态组合逻辑和输出逻辑两部分，下一状态组合逻辑的功能是确定有限状态机的下一个状态，输出逻辑的功能是确定有限状态机的输出。

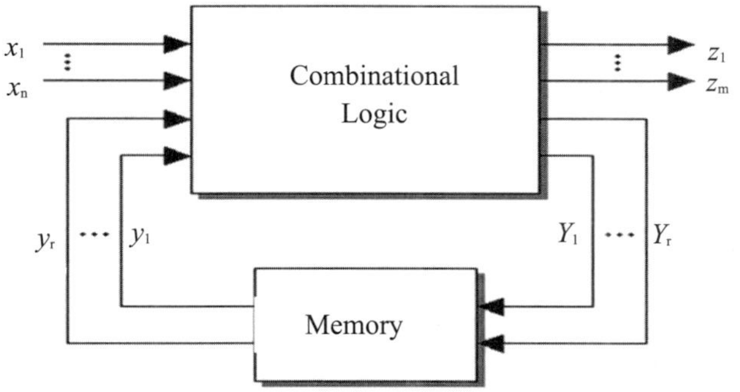

图3.38　有限状态机

图3.38是有限状态机，其中$x_1 \cdots x_n$代表输入向量，$y_1 \cdots y_r$代表状态变量，$Y_1 \cdots Y_r$代表下一状态，$z_1 \cdots z_m$代表输出向量。可见，状态机由状态寄存器和组合逻辑电路构成，能够根据控制信号按照预先设定的状态进行状态转移。

在实际的应用中，根据有限状态机是否使用输入信号，经常将其分为Mealy型有限状态机和Moore型有限状态机两种类型。

图3.39为Mealy有限状态机，由图可见，Mealy型有限状态机其输出信号z不仅与当前状态y有关，还与所有的输入信号X有关，即可以把Mealy型有限状态机的输出看成是当前状态和所有输入信号的函数。

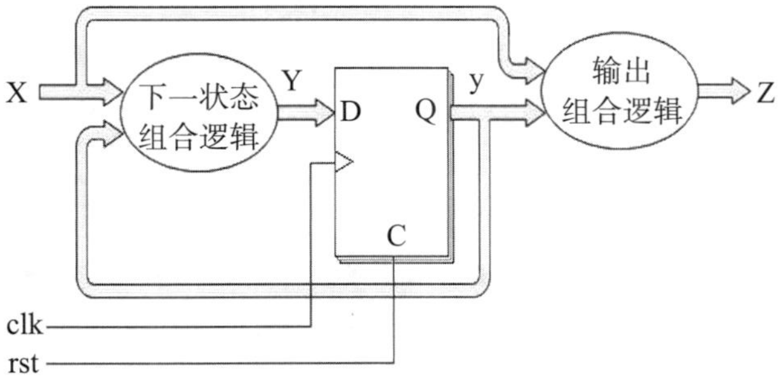

图3.39　Mealy有限状态机

图3.40为Moore有限状态机，由图可见，其输出信号Z仅与当前状态y有关，即可以把Moore型有限状态的输出看成是当前状态的函数。

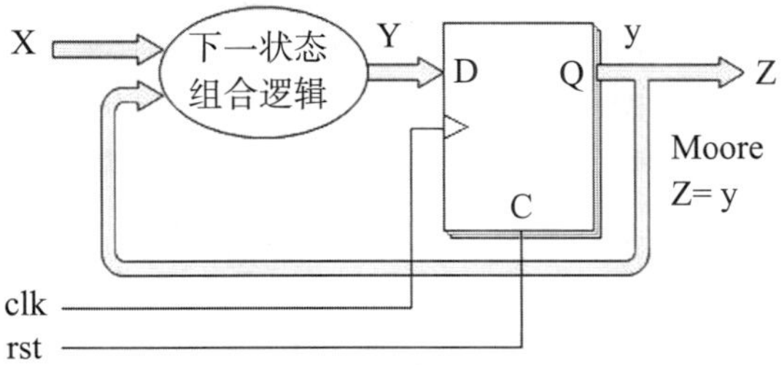

图3.40　Moore有限状态机

有限状态机的设计大致可分为以下几个步骤。

（1）分析给定的逻辑问题，确定输入变量、输出变量，以及电路应具备的状态数，并按照要求列出电路的状态转换表或画出状态转换图。

（2）状态化简

如果在上一步的状态转换图中出现这样两个状态：它们在相同的输入下有相同的输出，并且转换到同一状态去，则称这两个状态为等价状态。显然等价状态是重复的，可以合并。一个电路的状态数越少，存储电路也就越简单。状态化简的目的就是将等价状态尽可能地的合并，以得到最简的状态转换图。

（3）状态分配

建立状态转移/输出表，根据上一步的最简状态图选定触发器的类型并确定触发器的个数。

（4）求出电路的状态方程、驱动方程和输出方程，并按照这些方程得出逻辑图。

用Verilog HDL来描述有限状态机，可以充分发挥硬件描述语言的抽象建模能力，使用always块语句和case（if）等条件语句及赋值语句即可实现。

可以使用Verilog HDL中三个always块分别描述有限状态机中的下一状态组合逻辑、状态寄存器、输出组合逻辑。

三、实验任务

1. 设计一个简单的分频器，让LED灯闪烁，输入由开发板上的50 MHz有源晶振提供，输出由LED显示。

2. 设计时钟同步状态机控制12个LED灯实现两种可变的流水灯花样。可利用开发板上的12个LED灯实现两种花样可变的流水灯，时钟由50 MHz有源晶振提供，由开发板上的SW0选择LED11～LED0显示的循环花样。

实验任务

当SW0拨向下时：LED11～LED0显示的循环花样如图3.41所示。

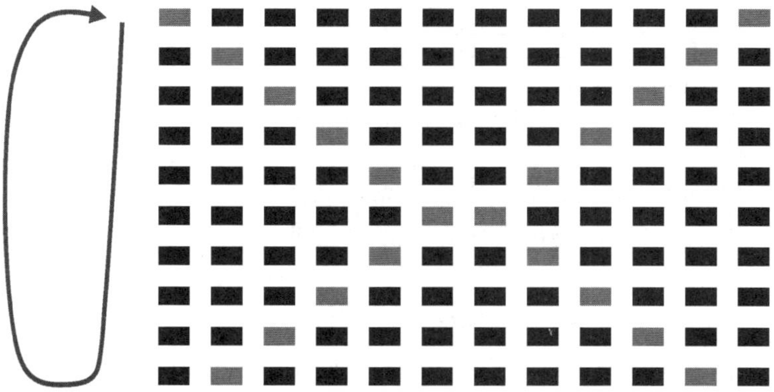

图3.41　SW0拨向下时的循环花样

SW0拨向上时：LED11～LED0显示的循环花样，如图3.42所示。

图3.42　SW0拨向上时的循环花样

对于设计任务2，可采用自顶向下的层次化设计方法，采用层次化的设计方法有利于问题的清晰及简化。

实验任务2
设计方案

（1）系统框图如图3.43所示

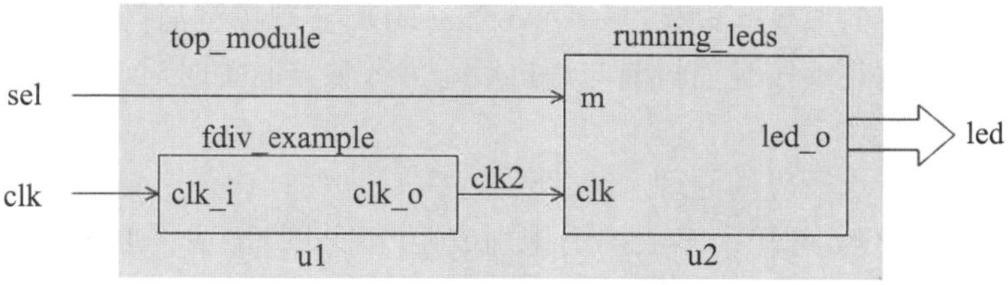

图3.43　流水灯控制系统框图

在图3.43中，顶层模块为top_module，下层模块u1可使用任务1中设计的分频器fdiv_example，下层模块u2为控制流水灯的时序电路running_leds。

（2）状态机控制流水灯设计

流水灯控制系统框图中的下层模块u2 running_leds是时序逻辑电路，可以把它看成是一个有限状态机。由此，可用Mealy型有限状态机，用三个always块完成这个电路的功能，流水灯设计框图如图3.44所示。

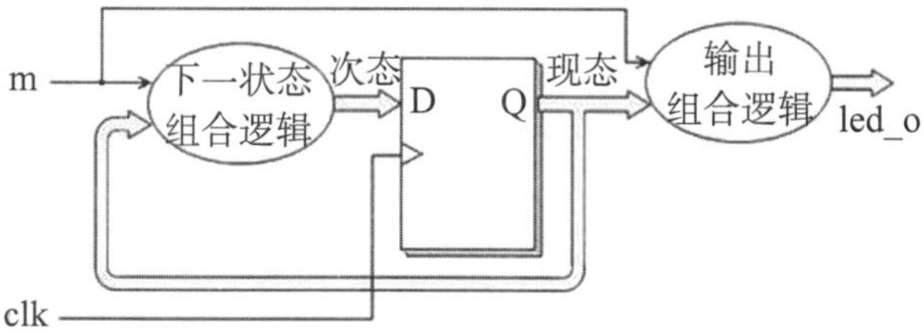

图3.44　状态机控制流水灯设计框图

图3.44中，m表示SW0的状态，即Mealy有限状态机中的输入向量。当m=0时，表示SW0拨向下面，由设计任务可知此时流水灯一共有S0～S9十个状态；当

m=1时，表示SW0拨向上面，由设计任务可知此时流水灯一共有S0～S6七个状态。由设计任务可列出流水灯的状态转移表，并写出状态机控制流水灯设计的代码。

四、常见问题与解决方法

现象1：流水灯闪烁过快或所有的灯全亮，没有实现流水灯的效果。

解决方法：应该是分频器分频出来的频率过高，应该改写分频器的代码，降低分频器分频出来的频率。

现象2：设计出的流水灯没有按照任务要求变化。

解决方法：应检查列出的状态转移表或控制流水灯的代码是否符合任务的要求。

五、思考题

1. 比较说明Moore型有限状态机和Mealy型有限状态机的不同。

2. 设计一个流水灯，可用开关控制使其从左至右依次点亮或从右至左依次点亮。

3.6　实验十五　按键消抖和矩阵键盘原理

一、 设计目标

1.学习矩阵键盘的特点和矩阵键盘的工作原理。

2.学习按键消抖的原理，设计一种用Verilog HDL实现按键消抖的方法。

3.设计实验对比观察按键消抖前与消抖后作为计数器时钟时对计数器的影响。

二、 实验原理

1.矩阵键盘的特点及应用原理

由图3.45和图3.46可知，多个按键排列成矩阵形式，减少了I/O口的占用，例如8根端口线就可以构成4×4=16个按键。行、列线分别连接到按键开关的两端。

矩阵键盘应用原理

如果将列线（col）均通过电阻下拉到低电平，当无按键按下时，列线处于低电平状态；当有按键按下时，行线（row）、列线将导通，此时，列线电平将由与此列线相连的行线电平决定。

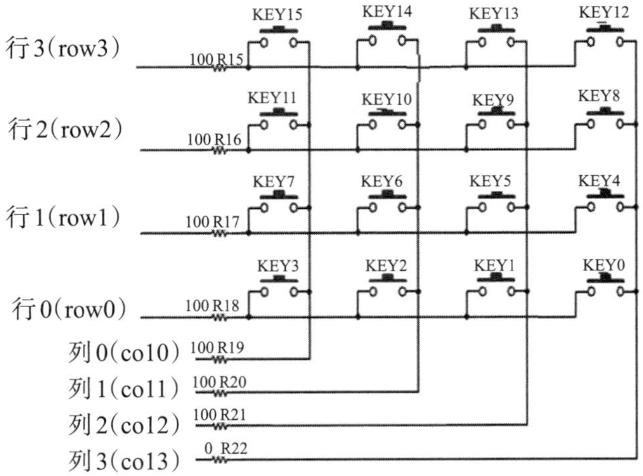

图3.45　4*4矩阵键盘原理图

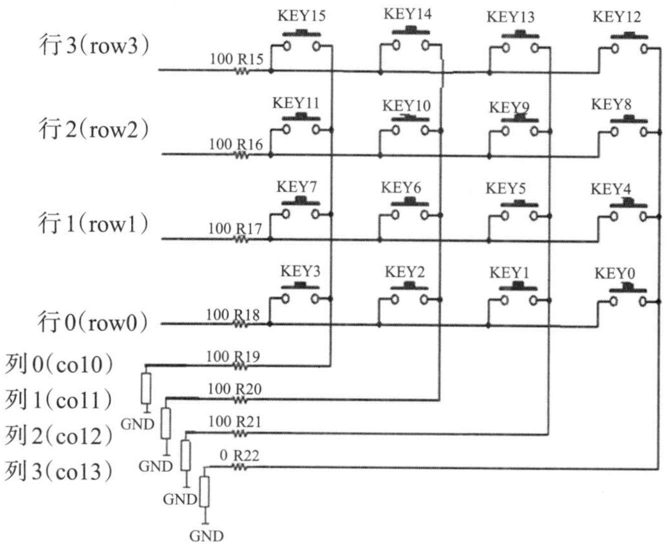

图3.46 4*4列线接下拉电阻的矩阵键盘原理图

约束文件中先将列线通过下拉电阻下拉至低电平，如下所示：

set_property PULLDOWN true [get_ports {col[3]}]

set_property PULLDOWN true [get_ports {col[2]}]

set_property PULLDOWN true [get_ports {col[1]}]

set_property PULLDOWN true [get_ports {col[0]}]

2. 行扫描法

如何确定矩阵键盘上哪个键被按下？可以使用行扫描法，如图3.47所示。

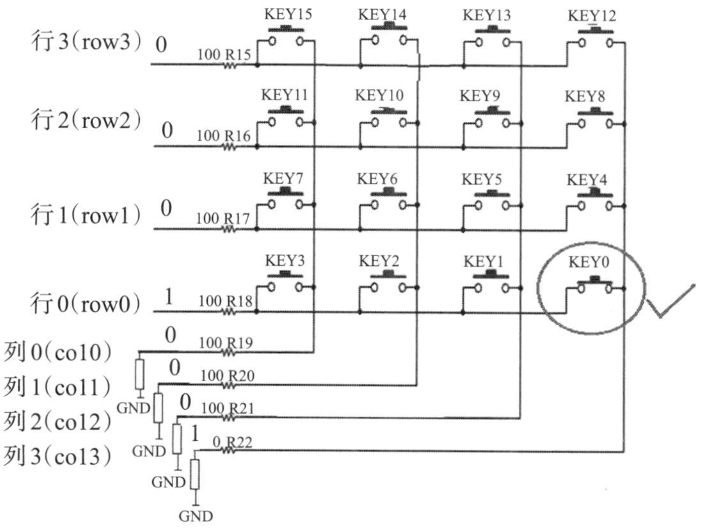

图3.47 4×4行扫描的矩阵键盘原理图

（1）例如行线row[3：0]为0001，可以判断row0这行按键情况。

（2）如果无按键按下，列上col0～col3为0000。

（3）如果图3.47中的KEY0被按下，则列上col0～col3为0001。由此可判断KEY0按键是否按下。

（4）再将行线设为0010，判断row1是否有按键按下。

（5）row[3:0]依次为0001—0010—0100—1000循环，称为行扫描。

按键扫描部分程序示例如下：

```
//通过对行的输出值设定，依次选中各行。
 reg[3:0] row=4'b0001;//设行初始值
   always @(posedge clk)
   begin
              if(row[3:0]==4'b1000)
            row[3:0]=4'b0001;// 行值为1000,则下一个是0001
     else
    row[3:0]=row[3:0]<<1; //行值向左移一位,0001—0010—0100—1000—0001…
    end
            always @(negedge clk)
   begin
     case(row[3:0])
     4'b0001:
       begin
          btn[3:0]=col; //列输入值存至4位寄存器
       end
     4'b0010:
       begin
        btn[7:4]=col;
       end
     4'b0100:
       begin
        btn[11:8]=col;
       end
     4'b1000:
       begin
        btn[15:12]=col;
       end
     default:btn=0;
     endcase
   end
```

若工程中只使用一个按键，可以不需要按键扫描，直接指定一个按键即可。

例如，只使用KEY0，则可以将约束好的row[3：0]设置为0001，同时将按键输入端约束至FPGA引脚R12（即col3这一列）即可。

在设计源文件的程序中，行row[3：0]的值决定当前选中行上的按键可以被识别，所以row是4位输出端，col只约束到col3这一列。当选中row0行时，col的值是由按键KEY0是否按下决定的，col是输入端。

3. 按键消抖

许多设计都需要使用按键。按键所用开关为机械弹性开关，当机械触点断开、闭合时，由于机械触点的弹性作用，一个按键开关在闭合时不会马上稳定地接通，在断开时也不会瞬间断开。因而在闭合及断开的瞬间均伴随有一连串的抖动，为了不产生这种现象而采取的措施就是按键消抖。

按键消抖原理

若实验电路板中按键按下时为高电平。如图3.48所示是按键在按下时，机械触点的抖动使按下后不能立刻稳定成高电平，而是经过5～20 ms才能达到稳定，而在按键释放的时候也是如此。

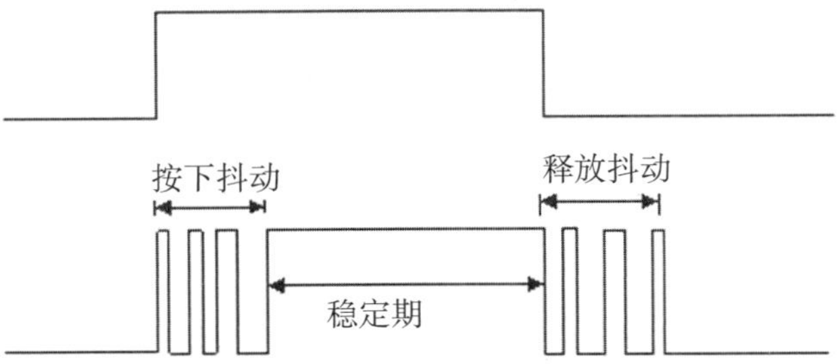

图3.48　按键按下瞬间的抖动

由于按键有抖动，实际在按下KEY0或松开KEY0后都会有5～10 ms的键值不稳定时间。如希望用按键按下而获得上升沿或下降沿作为电路的输入时，则需要消抖。

消抖程序中常用设置采集时钟，不断检测按键值。每当时钟有效沿到来，就检测按键输入信号，即延时检测，延迟时间取决于按键类型。

如果设置的采集时钟周期太短，采集时钟就有可能两次采到按键不确定时的值，无法避免抖动问题。所以采集时钟的周期必须要大于抖动时间。通常可以选用周期为20 ms的采集时钟（频率为50 Hz）。

分别检测当前、上个时钟有效沿、上上个时钟有效沿输入的数值。例如：键值正常情况下为0，假如连续两次或三次为1，就通过运算，使得最终输出键值为1，出现上升沿，这样就认为是有按键按下。

下面的按键消抖程序设计示例中：声明3个寄存器btn0、btn1、btn2，并将它们组合成移位寄存器，将移位方向定义为btn0→btn1→bun2。将按键输入送btn0。每隔20 ms执行一次移位。这样，在每次移位后，btn0中存储的是当前的按键电平，btn1

中存储的是20 ms之前的按键电平，btn2中存储的是40 ms之前的按键电平。

有了不同时间点上的按键电平，对按键状态的判断就容易了。当btn0=1，btn1=1，btn2=0时，按键肯定被按下；当btn0=0，btn1=0，btn2=1时，按键肯定被释放。于是，根据这个逻辑可以设计按键消抖：当三个寄存器中有2个寄存器的值是1时，就可以判定按键是在按下的状态。

按键消抖部分程序示例如下：

```
always@(posedge btn_clk)
begin
   btn0<=btn_in;
   btn1<=btn0;
   btn2<=btn1;
end
assign btn_out=(btn2&btn1)|(btn2&btn0)|(btn1&btn0);//btn_out 信号每按键一次,只产生一个上升沿。
```

三、实验任务

1. 将行列式按键中的键KEY0直接作为12位二进制计数器cnt2的时钟，将结果显示在6位数码管左3位上；同时将行列式按键中的键KEY0经过消抖后，作为12位二进制计数器cnt1的时钟，将结果显示在6位数码管右3位上；大约每1 s按下一次按键，观测两个计数器的输出情况。

所需程序资源如下：

（1）顶层程序（key_debouning.v）；

（2）6位动态显示程序（ dynamic_led6.v ）；

（3）一个固定按键的消抖程序（ajxd.v）；

（4）时钟分频模块程序（ divclk.v ），使用周期为20 ms的输出信号。

2. 设计提示

顶层程序(key_debouning.v)的框架

```
module key_deboucing(
   input clk,
   input clr,//计数器同步清零信号
   input col, //1 列输入
   output [3:0] row,//4 row,输出
   output [7:0] seg, //segment
   output [5:0] dig   //dig
   );
assign row[3:0]=0001; //固定一行row3
wire clk_20ms; // 20ms clk
wire btnout0; //消抖后的按键信号
wire [11:0] showdat_d;
```

```
//定义时钟消抖后计数器要显示的数据为showdat_d
wire [11:0] showdat_nod;
//定义时钟未消抖计数器要显示的数据为showdat_nod
//1. 调用6位动态显示模块实现显示(需填写调用程序)
(左3位显示未消抖时钟计数器的计数值,右3位显示消抖时钟计数器的计数值)
……
//2. 调用分频模块产生20ms信号
divclk divclk(.clk(clk),.btnclk(clk_20ms));
//3. 按键消抖后作为12位计数器时钟,计数器的值为cnt1
 reg[11:0] cnt1=0;  //12位计数器的计数值,初始为0
 assign showdat_d[11:0]=cnt1[11:0];//计数值送显示
//4. 调用按键消抖模块(需填写调用程序)
……
//5. 用消抖的按键作为时钟的计数器程序, 计数器的值为cnt1
always@(posedge btnout0)// 用消抖的按键作为计数器的时钟
 if(clr==1)
   begin
    cnt1<=0;
    end
 else
   begin
     cnt1<=cnt1+1;
   end
 //6. 没消抖按键直接作为12位计数器时钟,计数器的值为cnt2
reg[11:0] cnt2=0; //12位的计数值,初始为0
 assign showdat_nod[11:0]=cnt2[11:0];//计数值显示
//7. 下面是按键不消抖直接作为计数器时钟的程序(需填写程序)
…..
endmodule
```

四、常见问题与解决方法

实验演示

现象1：程序下载后不能正确演示结果。

解决方法：检查顶层文件是否将各个模块连接正确。

现象2：计时器的结果不能正确显示。

解决方法：检查计数器的时钟是否正确，如时钟设置太快，则在七段显示器上无法看到技术结果。

现象3：按键后计数器不计数。

解决方法：检查约束文件是否正确地对按键进行了约束。

五、思考题

1. 矩阵键盘只用一个按键时，对其进行按键消抖，消抖用的键值采样时钟周期应如何确定？采样时钟周期太长或太短分别会有什么影响？

（提示：（1）从按键抖动的特点和按键抖动的时间上考虑。（2）从按键抖动的时间和按键按下又松开的平均时间方面考虑。）

2. 讨论矩阵键盘在使用时，是否可以将行或列选择其一下拉到地或上拉到电源？两种情况的键值如何确定？

3.7 实验十六 计数器的级联

一、设计目标

1. 利用同步级联的方式设计一个三位的同步加法计数器。

2. 设计一个具有倒计时功能的定时器（减法计数器），定时时间是30 s。

二、实验原理

1. 计数器的分类

计数器是数字系统中必不可少的组成部分，它除了用来计数输入脉冲的个数，还大量用于分频、程序控制、逻辑控制等。计数器种类很多，其分类方式大致有下列三种。

第一种：按数制的模数分类，通常分为二进制、十进制和N进制（即任意进制）计数器。

第二种：按计数脉冲输入方式的不同，可分为同步（或称并行）计数器和异步（或称串行）计数器两大类。

第三种：按计数加减分类，则有加法（递增）计数器、减法（递减）计数器和可逆计数器。可逆计数器又有加减控制式和双时钟输入式两种。

2. 计数器异步级联和同步级联

计数器的异步级联方式如图3.49所示，异步级联的计数器中的计数脉冲是逐级传送的，低位触发器的进位输出作为高位触发器的时钟，高位触发器的翻转必须等待低一位触发器翻转后才发生，因其内部结构简单、成本低，一般在低速场合中应用。但其计数速度慢，且进位信号是组合电路输出，会有冒险毛刺，该毛刺会使下一级计数器工作（误动作）。另外，由于FPGA内部时钟线分配有限，如果用较多的时钟可能会占用比较大的资源，所以大部分场合不采用这种计数器异步级联的方式。

计数器级联的工作原理

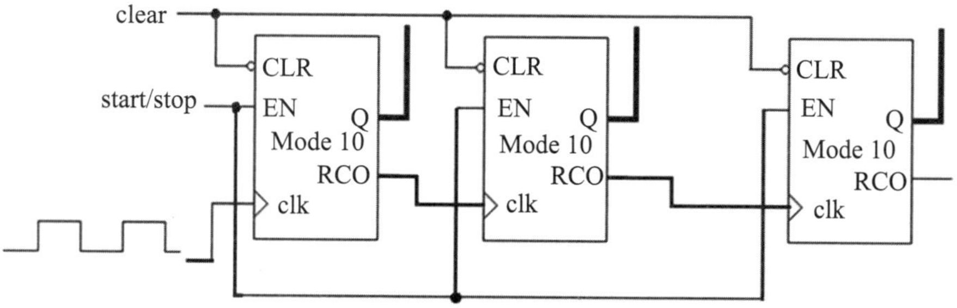

图3.49 计数器的异步级联

计数器的同步级联方式如图3.50所示，同步级联的计数器内各触发器在同一时钟脉冲作用下同时翻转，并产生进位信号。其计数速度快、工作频率高、译码时不会产生尖峰信号。

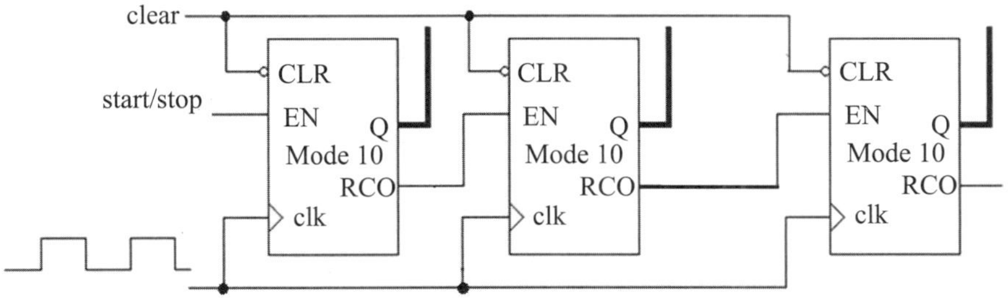

图3.50　计数器的同步级联

3. 计数器模块

用Verilog实现计数器同步级联

在Verilog中，计数器的同步清零与异步清零的描述方法是不一样的。

如果在always后面的敏感表达式中只有时钟信号，则复位信号只有在时钟上升沿到来时才有效，这种就是同步清零，如下面的语句所示：

```
always @(posedge clk)//同步清零,复位信号只有在时钟上升沿到来时才有效
begin
    if(~clr)    //清零有效
    Q<=0;
end        //完成清零操作,计数器输出为0
```

而如果在always后面的敏感表达式中既有时钟信号又有复位信号,则无论时钟沿是否到来,只要复位信号有效,就进行复位的则是异步清零,如下面的语句所示:

```
always @(posedge clk or negedge clr)//异步清零,无论时钟沿是否到来
  begin
    if(~clr)    //清零有效,只要复位信号有效,就进行复位
    begin
        Q<=0;
    end        //完成清零操作,计数器输出为0
    else       //同步动作,可产生触发器和组合逻辑
               …
    end
```

在计数器设计中通常采用异步清零，只有在时钟周期很小或清零信号为电平信号时（容易捕捉到清零信号）才采用同步清零。本实验中的模10计数器采用异步清零方式，其输入、输出端口如图3.51所示。

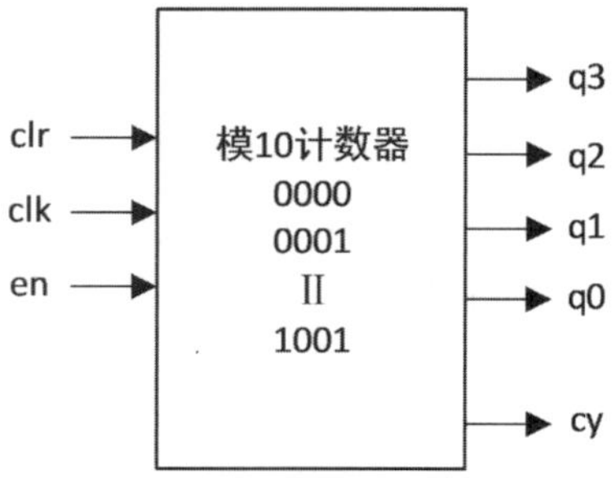

图3.51　模10计数器的输入、输出端口

采用异步清零的模10计数器的代码如下：

```
always @(posedge clk or negedge clr)//异步清零
  begin
    if(～clr)    //清零有效
    begin
        Q<=0;
    end         //完成清零操作,计数器输出为0
    else if(EN==1)//使能有效
    begin
        if(Q==9)  //计数+1,若低位已经到最大数9
        begin
            Q<=0;     //输出跳转到最小数0
        end
        else Q<=Q+1;      //若输出未到最大数,则只加1
    end
    end
  //计数到最大数9,同时使能有效,输出cy为1
assign cy=((EN==1)&&(Q==9))?1'b1:1'b0;
```

注意：在上面的语句中当always块有多个敏感信号时，一定要采用if - else if语句，而不能采用并列的if语句。否则易造成一个寄存器有多个时钟驱动，将出现编译错误。

三、实验任务

1. 设计一个3位8421BCD码的同步加法计数器，在开发板右边的3个数码管上显示000～999，个位在最右边。下载到开发板上验证。

设计要求：

（1）计数器须由3个模10计数器同步级联构成；

（2）拨码开关控制启动/停止，上拨时启动电路，下拨时电路暂停工作；

（3）异步清零（低电平有效），开关下拨时实现计数器清零，上拨时清零失效。

任务1同步级联加法计数器

对于利用同步级联方式设计3位8421BCD码的加法计数器，可采用顶层模块调用子模块的层次描述项目设计方法，根据设计任务画出整个计数译码显示的系统框图，如图3.52所示。

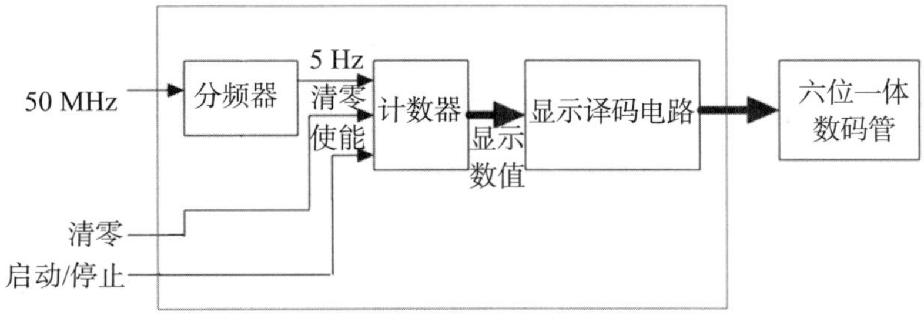

图3.52　计数译码显示的系统框图

图中计数器用5 Hz的时钟信号，该信号由开发板上的系统时钟50 MHz经过分频后得到；输出则通过显示译码电路将计数后的数值显示到六位一体数码管。因此，该同步加法计数器底层一共包含分频器、三个计数器和动态译码显示三个子模块。图3.53是根据系统的整体框图设计得出的三个模10计数器同步级联的具体电路连接图。

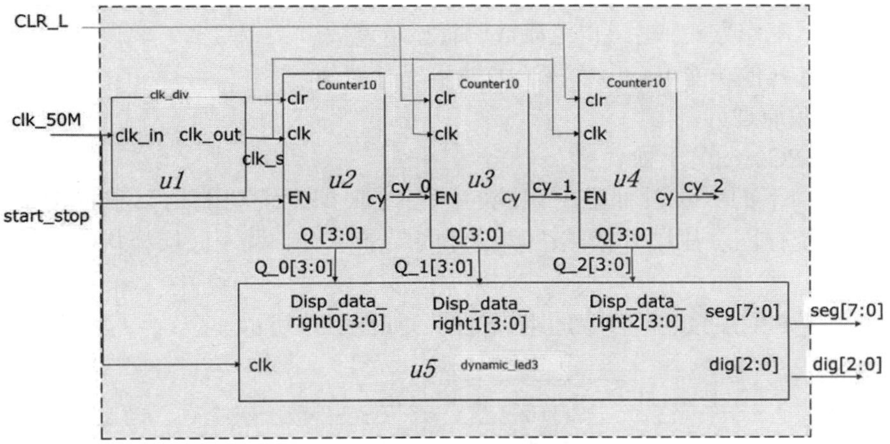

图3.53　三个模10计数器同步级联及译码显示

2. 设计并实现一个具有倒计时功能的定时器，定时时间是30 s，能以数字形式显示剩余时间。定时器按递减方式计时，每隔1 s，定时器减1；当定时器递减计时到0（即定时时间到）时，在最右边两个数码管上显示00 。下载到开发板上验证。

设计要求：

（1）计数器由2个减法计数器同步级联实现；

（2）当复位有效时，设初值为30（或29均可）；

（3）计数至00，不再计数。

四、常见问题与解决方法

现象1：always块内采用并列的if语句，导致综合实现时报错。

解决方法：当always块有多个敏感信号时，一定要采用if - else if

实验任务演示

语句，而不能采用并列的if语句。否则易造成一个寄存器有多个时钟驱动，将出现编译错误。

现象2：data为4位数据，但在语言描述时描述为3’b0001，导致综合实现时报错。

解决方法：将3’b0001改为4’b0001。

五、思考题

1. 如何将50 MHz时钟由计数器分频后产生5 Hz时钟信号，且占空比为50%?
2. 如何产生4到13十个数码的模10计数器?
3. 同步清零和异步清零在时序上有什么区别?

3.8　实验十七　基于FPGA的电子秒表

一、设计目标

自行设计一个电子秒表，功能如下。

（1）计时范围：00分00.00秒到59分59.99秒。

（2）能完成复位、启动/暂停功能。复位开关让秒表复位归零；启动/暂停开关上拨让秒表计时；在秒表正常运行的情况下，如果下拨启动/暂停开关，秒表暂停计时。

（3）显示工作方式：用6位七段数码管显示读数。

（4）增加其他功能可自由发挥，如能实现有加分。

二、 实验原理

1. 基于FPGA的电子秒表

按自顶向下的方法设计数字系统时，首先根据系统功能划分和定义系统子模块，形成系统框图。用硬件描述语言设计底层子模块。调用底层模块，完成顶层模块的设计。

（1）基于FPGA的电子秒表的组成框图，如图3.54所示。

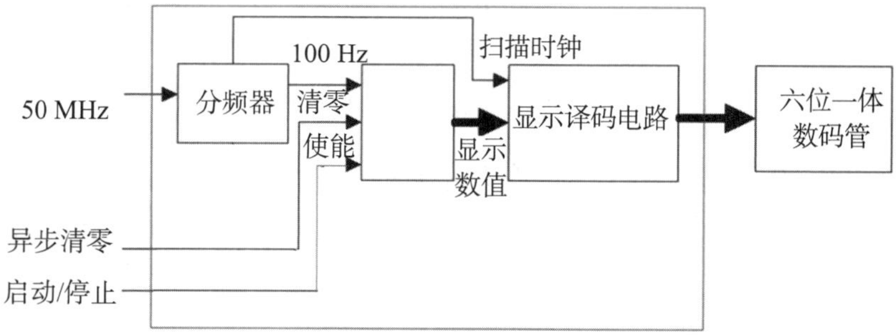

图3.54　电子秒表框图

线框内为在FPGA中实现的功能，包括分频器、计数器和显示译码等电路。FPGA电路的输入为50 MHz时钟和两个开关，输出为实验板上的6个数码管控制信号(共14个信号)。六位七段数码管显示秒表读数，显示格式从左到右每两位对应分、秒、百分之一秒，例如，显示395895表示39分58.95秒。

（2）子模块的FPGA设计与实现

①分频模块

秒表精度为0.01 s，也就是说计时器的计数脉冲时钟输入频率应为100 Hz，而FPGA输入时钟信号的频率为50 MHz，所以需要一个500 000的分频器，该分频器的输出作为计数器的输入。

```
module ms_div(clkin,clr,clkout);//分频模块
 input      clkin,clr;
 output    reg    clkout=0;//用reg后面always中需要改变数值
 integer    qout=0;
 always@(posedge clkin)
 begin
   if(clr)
   begin
        qout<=0;    clkout<=0;
   end
   else  if(qout==249999)
      begin
          qout<=0;    clkout<=～clkout;
      end
      else    qout<=qout+1;
 end
 endmodule
```

②计时模块

计时功能可以由计数器实现，考虑秒表的计时范围，计数器中应该包含两个六十进制的计数器和一个一百进制的计数器。程序中定义了两个参数load1和load2。可以通过改变参数的值来改变计数的最大值，得到不同进制的计数器。

```
module counter100_60(CLK_10ms,CLR_L,EN,Q_l,Q_h,Cy);
   input CLK_10ms,CLR_L,EN;
   output Q_l,Q_h,Cy;
   reg[3:0] Q_h,Q_l;// 计数器的输出
   wire Cy; //进位信号
   parameter  load1=9,load2=5; 定义两个参数
   always @(posedge CLK_10ms or negedge CLR_L)//异步清零
    begin
       if(～CLR_L)     //清零有效
         begin
         Q_l<=0;
         Q_h<=0;
```

```
      end        //完成清零操作,计数器高位输出和低位输出均为0
     else if(EN==1)//置数有效
      begin
       if(Q_l==load1)  //计数+1,若低位已计到最大数9
        begin
          Q_l<=0;      //低位跳转到最小数0
          if(Q_h==load2)  //若高位已计到最大数5
          Q_h<=0;      //高位跳转到最小数0
          else
          Q_h<=Q_h+1;  //若高位未到最大数,则只加1
        end
       else Q_l<=Q_l+1;     //若低位未到最大数,则只加1
       end
   end
   //计到最大数59,输出Cy为1
  assign  Cy=(EN==1)&&(Q_h==load2)&&(Q_l==load1))?1'b1:1'b0;
endmodule
```

③开关处理模块

根据功能要求，一个开关送入计数器，作为异步复位信号处理；另一个开关可作为计数器的同步使能端。高电平时计数器计数（启动功能），低电平时计数器不计数（暂停功能）。程序见顶层模块的程序。如果按键需要消抖，可用以下消抖程序。

```
//一个固定按键或开关的消抖程序
module ajxd(
   input btn_in,
   input btn_clk,
   output btn_out
   );
   reg  btn0=0;//定义了btn0寄存器
   reg  btn1=0;//定义了btn1寄存器
   reg  btn2=0;//定义了btn2寄存器
   assign btn_out=(btn2&btn1&btn0)|(～btn2&btn1&btn0);
   always@(posedge btn_clk)
   begin
      btn0<=btn_in;
      btn1<=btn0;
      btn2<=btn1;
   end
endmodule
```

④显示模块

数码管显示部分显示计数值，因为是实时显示，可以不用锁存器保存要显示的数字，所以直接显示计数器的输出。显示部分为6位动态显示电路。

```
module display_6wei(CLK_50M,num0,num1,num2,num3,num4,num5,DIG,SEG);
input CLK_50M;
input[3:0] num0,num1,num2,num3,num4,num5;
output[5:0] DIG;
output[7:0] SEG;
reg[2:0] s=0;
reg[5:0] DIG;
reg[7:0] SEG;
reg[3:0] y;
reg [25:0] Q=0;
wire CLK;
always @(posedge CLK_50M) //分频电路
     Q<=Q+1;
assign CLK=Q[15];      // 分频输出
always @(posedge CLK)//在时钟的作用下自动产生
 if(s==5)s<=0;
 else s<=s+1;
always @(s)          //译码器
 case(s)
        3'b000:DIG = 6'b111110;
        3'b001:DIG = 6'b111101;
    3'b010:DIG = 6'b111011;
    3'b011:DIG = 6'b110111;
    3'b100:DIG = 6'b101111;
        3'b101:DIG = 6'b011111;
    default:DIG = 6'b111111;   //这一句必须有
endcase
always @(*)  //要显示数的BCD码送入y
 case(s)
     3'b000:y = num0;
     3'b001:y = num1;
  3'b010:y = num2;
  3'b011:y = num3;
  3'b100:y = num4;
```

```
  3'b101:y = num5;
 default:y = num0;
endcase
always@(y)  //0～9的显示码,共阴,从高位到低位按a—g—dp排序
          case(y)
             0: SEG = 8'b11111100;
                1: SEG = 8'b01100000;
                2: SEG = 8'b11011010;
                3: SEG = 8'b11110010;
                4: SEG = 8'b01100110;
                5: SEG = 8'b10110110;
                6: SEG = 8'b00111110;
                7: SEG = 8'b11100000;
                8: SEG = 8'b11111110;
                9: SEG = 8'b11100110;
             default: SEG = 8'b00000000;
   endcase
endmodule
```

5. 顶层模块的程序

```
     module  stopwatch_top(CLK_50M,CLR_L,start_stop,DIG,SEG);
input CLK_50M;
input CLR_L;
input start_stop;
output[5:0] DIG;
output[7:0] SEG;

  //50M时钟分频出10 ms计数信号
  wire CLK_10ms;
 // wire CLK_20ms;  // 20ms clk
  ms_div  uuto(
     .clkin(CLK_50M),
     .clkout(CLK_10ms)
     );
     //调用按键消抖
     wire btnout0,btnout1;
     ajxd  uut4( .btn_clk(CLK_10ms),
        .btn_in(CLR_L),
        .btn_out(btnout0)
```

```
 );
 ajxd  uut5( .btn_clk(CLK_10ms),
         .btn_in(start_stop),
         .btn_out(btnout1)
       );
 wire [3:0] Qms_h,Qms_l;// 计数器的输出
 wire Cy_ms; //进位信号
 wire [3:0] Qs_h,Qs_l;// 秒计数器的输出
 wire Cy_s; //秒进位信号
 wire [3:0] Qm_h,Qm_l;// 分计数器的输出
 wire Cy_m; //分进位信号
//本例中采用带参数值的模块引用方式
//0.01s计数器,一百进制
 counter100_60  #(.load1(9),.load2(9)) uut1(
             .CLK_10ms(CLK_10ms),
             .CLR_L(btnout0),
             .EN(btnout1),
             .Q_l(Qms_l),
             .Q_h(Qms_h),
             .Cy(Cy_ms)
             );
//秒计数器,六十进制
 counter100_60 #(.load1(9),.load2(5)) uut2(
             .CLK_10ms(CLK_10ms),
             .CLR_L(CLR_L),
             .EN(Cy_ms),
             .Q_l(Qs_l),
             .Q_h(Qs_h),
             .Cy(Cy_s)
             );
//分计数器,六十进制
counter100_60 #(.load1(9),.load2(5)) uut3(
             .CLK_10ms(CLK_10ms),
             .CLR_L(CLR_L),
             .EN(Cy_s),
             .Q_l(Qm_l),
             .Q_h(Qm_h),
             .Cy(Cy_m)
```

```
        );
    //调用6位数码管动态显示模块
wire[3:0] num0,num1,num2,num3,num4,num5;
assign num0=Qms_l;
assign num1=Qms_h;
assign num2=Qs_l;
assign num3=Qs_h;
assign num4=Qm_l;
assign num5=Qm_h;
display_6wei   U1(
 .CLK_50M(CLK_50M),  // input wire CLK_50M
 .num0(num0),        // input wire [3:0] num0
 .num1(num1),        // input wire [3:0] num1
        .num2(num2),        // input wire [3:0] num2
        .num3(num3),        // input wire [3:0] num3
        .num4(num4),        // input wire [3:0] num4
        .num5(num5),        // input wire [3:0] num5
        .DIG(DIG),         // output wire [5:0] DIG
        .SEG(SEG)        // output wire [7:0] SEG
      );
endmodule
```

三、实验任务

1. 根据系统框图划分子模块，并建立新工程。

2. 根据功能子模块新建设计文件，用语言描述各个功能子模块，调试直到正确为止。

3. 新建一个顶层文件，定义输入、输出及所有中间变量。用例化的方式调用各个子模块，并写出各个子模块对应的例化语句。

4. 将顶层模块的约束文件导入。

5. 生成比特流文件后下载到开发板上验证。

四、思考题

1. 本次实验中Verilog描述的电子秒表和本课程第一节课的电子秒表相比较，有哪些不同？（提示：可从时钟信号、复位信号、计数器类型、显示方式、启停信号等方面讨论。）

2. 本次实验代码中，时钟频率设为多少？计数器是几进制的？显示模块扫描频率是多少？

第4章 数字系统综合设计实验

4.1 棋类比赛计时钟设计

下棋有利于提升逻辑思维、锻炼专注力，是有利于身心健康的体育娱乐活动。在棋类比赛中，面对复杂的局面，棋手会不由自主地陷入长时间地思考。而棋钟的作用就是对棋手的思考时间加以限制，使得一局棋就基本能在可预计的时间范围内结束。

一、设计目标

1. 棋类比赛中每步棋有时间限制。假设A、B两位棋手比赛，当A棋手落子后按下A键，此时B棋手的秒表开始倒计时，A棋手的秒表恢复为倒计时的初始值；当B棋手落子后按下B键，A棋手的秒表开始倒计时，B棋手的秒表恢复为倒计时的初始值。

2. 倒计时的初始值可设置为10 s或30 s两挡。

3. 当倒计时至5 s内时，蜂鸣器每秒响一下或LED灯每秒闪烁1次。

4. 当某选手超时判负时，蜂鸣器长响，LED灯持续闪烁，数码管显示出获胜的棋手编号（A或B）。

5. 增加其他功能可自由发挥，如能实现有加分。

二、参考方案

根据设计目标，有如图4.1所示的参考方案。

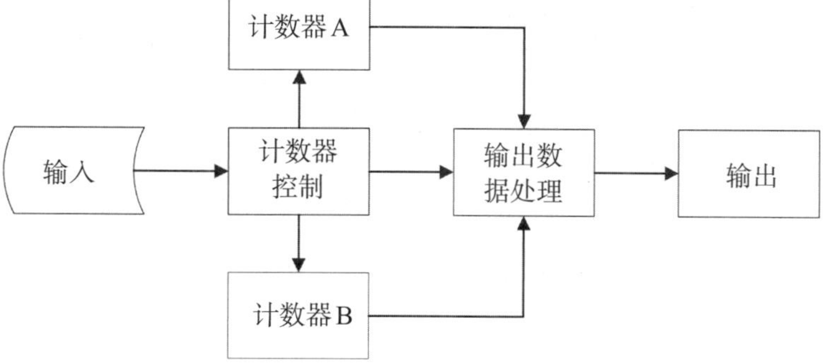

图4.1 简易棋钟参考框图

输入包括键盘按键和开关两个部分。可以用矩阵键盘上的两个按键用来模拟两位棋手的按键，至少使用一个开关控制切换倒计时的挡位。此外，还应有控制整个系统暂停复位的开关。

计数器部分是系统的重点和难点。在前面的实验中已经学习了计数器的实现和级联，这里需要根据输入的信号实现两个计数器交替工作、复位、改变计数进制等。我们可以设计一个专门的计数器控制模块，实现相关的功能。

根据要求，系统的输出包含数码管显示和蜂鸣器两种。在不同的计时状态下，要求有不同的输出内容。在输出部分，也可以设计一个输出数据处理模块，根据计数器的状态生成相应的数据。需要注意的是，我们使用的开发板上的蜂鸣器是无源的，必须提供合适的音频信号才能正确发出声音。

三、验收与报告要求

1. “棋类比赛计时钟”项目采用课下自行完成，课上教师验收的方式进行。

2. 验收时交“棋类比赛计时钟”报告的纸质版。

3. 验收报告应包括：项目要求、实现方案框图、完整程序、RTL分析截图，以及对自己的设计实现情况的描述。

4. 程序可在验收时现场下载程序也可以提前下载好，但都要带上其工程源文件。

4.2 简易电梯控制系统

一、设计目标

1. 实现2层楼的简易电梯控制系统。

2. 电梯有4个按键（KEY0、KEY3、KEY4、KEY7），所有楼层外和电梯内的按键信号作为电梯的运行请求信号，如图4.2所示。

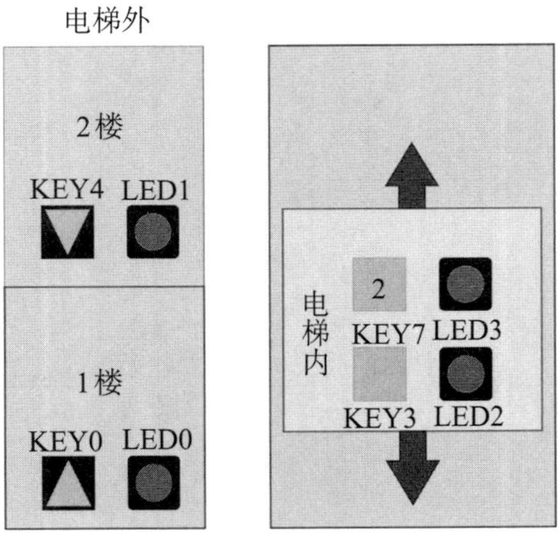

图4.2 电梯内外按键和指示灯

3. 电梯有三个运行状态：停止、上行、下行，在每一层楼，需要根据运行状态、所在楼层上或下的请求信号，设计适合的有限状态机来决定电梯的下一步运行状态，直至响应完所有的请求信号，电梯停止。

4. 电梯有2个数码管，分别显示电梯当前所在楼层和运行状态。

5. 电梯有4个指示灯（LED0、LED1、LED2、LED3），利用指示灯表示各楼层内外需求信号的情况，如图4.2所示。

6. 电梯有2个拨码开关，分别控制电梯运行启动和复位。

7. 增加其他功能可自由发挥，如能实现有加分。比如：电梯上行或下行时，利用LED设计流水灯，表示电梯运行情况；电梯运行到新楼层时，利用蜂鸣器发出清晰“嘀”声；电梯上行或下行时，通过数码管表示电梯一层楼的运行计时情况，且可扩展为运行时间可调；电梯到达楼层时，通过数码管表示电梯开门、关门的情况等。学生也可以自主创新设计其他功能，FPGA口袋实验板上设计有许多外部设备接口，学生可以利用外接设备（比如LCD、传感器等）来扩展电梯控制系统的功能。

二、参考方案

采用可编程逻辑自顶向下的设计思路，通过分析电梯控制系统功能来设计顶层框图，如图4.3所示。直接用Verilog HDL语言对系统中各模块进行逻辑功能的描述，实现电梯控制功能。

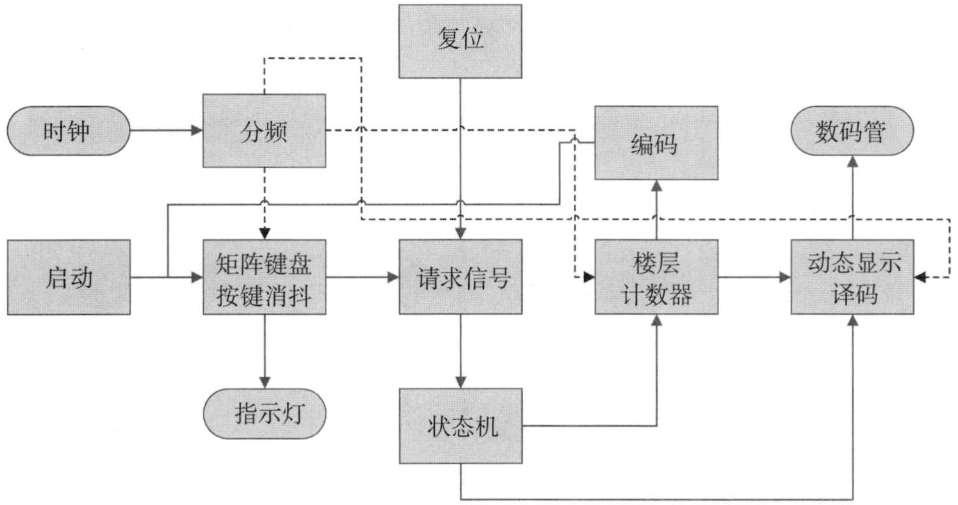

图4.3 电梯系统框架图

本节主要讨论自顶向下的设计方案，方案各模块的功能实现描述如下。

（1）分频模块。FPGA实验板自带50 MHz时钟分频产生0.25 Hz、50 Hz、1 kHz的时钟信号；0.25 Hz时钟提供给楼层计数模块，实现每一层楼之间运行时间为4 s。1 kHz和50 Hz时钟提供给矩阵键盘模块和按键消抖模块，用于按键扫描和按键消抖。1 kHz时钟还提供给显示译码动态扫描模块，实现数码管动态显示楼层和运行状态。

（2）电梯请求信号处理模块。电梯请求信号由按键最终产生的高电平输入提供（矩阵键盘按键消抖模块已经对请求取消进行过处理）。

（3）状态机模块。该模块提供楼层计数器上行、下行、待机的状态信号；同时将上行、下行、待机的状态提供给数码显示模块。可以使用三个always块（三段式描述）分别描述：下一状态组合逻辑、状态寄存器、输出组合逻辑。

（4）楼层计数器模块。接收到状态机的上行、下行、待机信号后，根据接收到的信号对电梯所在楼层进行计数。比如，接收到的状态为上行，则经过4 s楼层加1；接收到状态为下行，则经过4 s楼层减1，待机则楼层不变。同时，将更新后的楼层信息提供给编码处理模块和动态显示模块。

（5）编码处理模块。由于楼层计数为十进制，而请求信号处理是二进制，该模块将楼层信息经过编码处理，反馈给电梯请求信号处理模块。与该楼层相关的所有请求信号都应取消（置为低电平）。

（6）动态显示模块。该模块实现两个数码管分别显示电梯运行状态和当前楼层。电梯运行状态由状态机提供，当前楼层由楼层计数器提供。

（7）在整个电梯控制系统设计中，电梯控制逻辑是设计的重点和难点，因此本节主要对实现控制逻辑的状态机模块进行进一步阐释。将电梯状态分为上行、下行和待机三个状态，两层楼电梯运行状态机只需要根据当前楼层是1楼还是2楼，再判断相应的请求信号即可确定下一步电梯的运行情况，如图4.4所示。

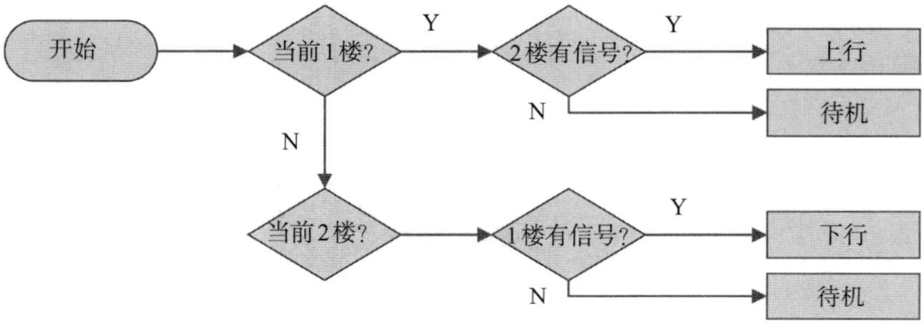

图4.4　2层楼电梯运行状态机

进一步考虑四层楼电梯运行情况，如图4.5所示。比如电梯当前在2楼，而此时1楼和3楼都有请求信号，电梯应该上行还是下行呢？如果利用两层楼的判断逻辑，无法确定电梯运行的优先级。所以在实际情况中我们还应该考虑电梯当前运行方向，如果当前运行方向是上行，电梯将先响应3楼的请求再去1楼；如果当前运行方向是下行，电梯将先响应1楼的请求再去3楼。

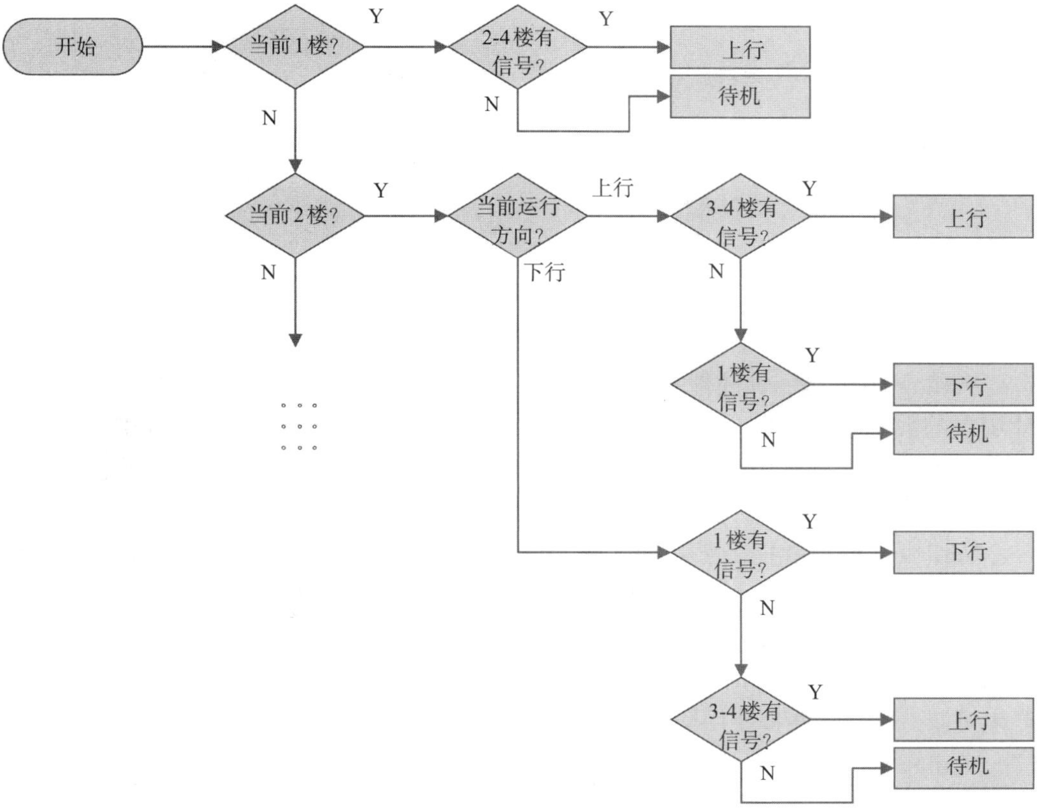

图4.5　4层楼电梯运行状态机

三、验收与报告要求

1. “简易电梯控制系统”项目采用课下自行完成，课上教师验收的方式进行。

2. 验收时交简易电梯控制系统报告的纸质版。

3. 验收报告应包括项目要求、实现方案框图、完整程序、RTL分析截图，以及对自己的设计实现情况的描述。

4. 程序可在验收时现场下载程序也可以提前下载好，但都要带上其工程源文件。

附录　硬件描述语言Verilog HDL语言简介

一、 Verilog HDL

Verilog HDL是一种硬件描述语言，用于从算法级、门级到开关级的多种抽象设计层次的数字系统建模。被建模的数字系统对象的复杂性介于简单的门和完整的电子数字系统之间。使用硬件描述语言的设计需要：编写文本形式的电路描述，编译这些描述以验证它的语法正确性，对模型及其设计功能进行功能验证。

Verilog给设计者提供了几种不同的描述电路的方法。常用工具（如原理图、真值表、布尔方程）都有与之对应的代码结构。Verilog包含组合逻辑的结构描述也包含他们的抽象模型描述。Verilog HDL 语言具有下述描述能力：设计的行为特性、设计的数据流特性、设计的结构组成以及包含响应监控和设计验证方面的时延和波形产生机制，所有这些都使用同一种建模语言。

Verilog HDL语言不仅定义了语法，而且对每个语法结构都定义了清晰的模拟、仿真语义。因此，用这种语言编写的模型能够使用Veilog仿真器进行验证。Verilog HDL语言的核心子集非常易于学习和使用，这对大多数建模应用来说已经足够。当然，完整的硬件描述语言足以对从最复杂的芯片到完整的电子系统进行描述。

二、Verilog HDL语言的主要功能

1. 基本逻辑门，例如and、or和nand等都内置在语言中。

2. 用户定义原语（UDP）创建的灵活性。用户定义的原语既可以是组合逻辑原语，也可以是时序逻辑原语。

3. 开关级基本结构模型，例如PMOS和NMOS等也被内置在语言中。提供显式语言结构指定设计中的端口到端口的时延及路径时延和设计的时序检查。

4. 可采用三种不同方式或混合方式对设计建模。这些方式包括：行为描述方式——使用过程化结构建模；数据流方式——使用连续赋值语句方式建模；结构化方式——使用门和模块实例语句描述建模。

5. Verilog HDL 中有两大数据类型：线网数据类型和寄存器数据类型。线网数据类型表示构件间的物理连线，而寄存器数据类型表示抽象的数据存储元件。

6. 能够描述层次设计，可使用模块实例结构描述任何层次。

7. 设计的规模可以是任意的，语言不对设计的规模（大小）施加任何限制。

8. Verilog HDL语言不再是某些公司的专有语言，而是IEEE标准。

9. 人和机器都可阅读Verilog HDL语言，因此它可以作为EDA的工具和设计者之间的交互语言。

10. Verilog HDL语言的描述能力能够通过使用编程语言接口（PLI）机制进一步扩展。PLI允许外部函数访问Verilog模块内信息，允许设计者与模拟器交互的例程集合。

11. 设计能够在多个层次上加以描述，从开关级、门级、寄存器传送级（RTL）到算法级，包括进程和队列级。

12. 能够使用内置开关级原语在开关级对设计完整建模。

13. 同一语言可用于生成模拟激励和指定测试的验证约束条件，例如输入值的指定。

14. Verilog HDL 能够监控模拟验证的执行，即模拟验证执行过程中设计的值能够被监控和显示。这些值也能够用于与期望值比较，在不匹配的情况下，打印报告消息。

15. 在行为级描述中，Verilog HDL不仅能够在RTL级上进行设计描述，而且能够在体系结构级描述及其算法级行为上进行设计描述。

16. 能够使用门和模块实例化语句在结构级进行结构描述。

17. Verilog HDL 还具有内置逻辑函数，例如&（按位与）和|（按位或）。

18. 对高级编程语言结构，例如在条件语句、情况语句和循环语句中都可以使用。

19. 可以显式地对并发和定时进行建模。

20. 提供强有力的文件读写能力。

21. 该语言在特定情况下是非确定性的，即在不同的模拟器上模型可以产生不同的结果。例如，事件队列上的事件顺序在标准中没有定义。

三、语言使用指南

1. 模块

模块是Verilog HDL语言的基本描述单位，用于描述某个设计的功能或结构及其与其他模块通信的外部端口。一个设计的结构可使用开关级原语、门级原语和用户定义的原语方式描述，设计的数据流行为使用连续赋值语句进行描述，时序行为使用过程结构描述。一个模块可以在另一个模块中使用。句的执行顺序依赖于发生在变量A和B上的事件。

在模块中，可以用下述方式描述一个设计：

（1）数据流方式；

（2）行为方式；

（3）结构方式；

（4）上述描述方式的混合。

在模块描述中还需注意时延，Verilog HDL模型中的所有时延都根据时间单位定义。使用编译指令将时间单位与物理时间相关联。这样的编译器指令需在模块描述前定义。

如下所示：

’ timescale 1ns /100ps

此语句说明时延时间单位为1 ns并且时间精度为100 ps（时间精度是指所有的时

延必须被限定在0.1 ns内）。如果此编译器指令所在的模块包含上面的连续赋值语句，#2代表2 ns。

2. Verilog HDL语言要素

Verilog HDL语言的基本要素，包括标识符、注释、数值、编译程序指令、系统任务和系统函数。

（1）Verilog HDL语言中的标识符可以是任意一组字母、数字、$符号和_（下划线）符号的组合，但标识符的第一个字符必须是字母或者下划线。另外，标识符是区分大小写的。

（2）在Verilog HDL语言中有两种形式的注释。

第一种形式：/ *表示可以扩展至多行* /

第二种形式：/ /表示在本行结束

（3）Verilog HDL是自由格式的，即结构可以跨越多行编写，也可以在一行内编写。白空（新行、制表符和空格）没有特殊意义。

（4）以$字符开始的标识符表示系统任务或系统函数。任务提供了一种封装行为的机制。这种机制可在设计的不同部分被调用。任务可以返回0个或多个值。函数除只能返回一个值以外与任务相同。此外，函数在0时刻执行，即不允许延迟，而任务可以带有延迟。

（5）以`（反引号）开始的某些标识符是编译器指令。在Verilog HDL语言编译时，特定的编译器指令在整个编译过程中有效（编译过程可跨越多个文件），直到遇到其他的不同编译程序指令。

（6）Verilog HDL有下列四种基本的值

0：逻辑0或“假”；1：逻辑1或“真”；x：未知；z：高阻。注意：这四种值的解释都内置于语言中。如一个为z的值总是意味着高阻抗，一个为0的值，通常是指逻辑0。

3. Verilog HDL有两大数据类型

（1）线网数据类型（net type），表示Verilog HDL语言结构化元件间的物理连线。它的值由驱动元件的值决定，例如连续赋值或门的输出。如果没有驱动元件连接到线网，线网的缺省值为z。

（2）寄存器数据类型（register type），表示一个抽象的数据存储单元。它只能在always语句和initial语句中被赋值，并且它的值从一个赋值到另一个赋值被保存下来。寄存器数据类型的变量具有x的缺省值。

4. Verilog HDL的表达式

表达式由操作数和操作符组成。表达式可以在出现数值的任何地方使用。

（1）操作数可以是以下类型中的一种：

常数、参数、线网、寄存器、位选择、部分选择、 存储器单元、函数调用。

（2）操作符可以分为下述类型：

①算术操作符、关系操作符、相等操作符、逻辑操作符、按位操作符、归约操作符、移位操作符、条件操作符、连接和复制操作符。

②常量表达式是在编译时就计算出常数值的表达式。通常，常量表达式可由下列要素构成：

表示常量文字，如'b10和326；参数名，如RED的参数表明：parameter RED = 4'b1110；

标量表达式是计算结果为1位的表达式。如果希望产生标量结果，但是表达式产生的结果为向量，则最终结果为向量最右侧的位值。

5. 门电平模型化

Verilog HDL语言可以使用内置基本门和如何使用它们来进行硬件描述，包括内置基本门、多输入门、多输出门、三态门、上拉电阻、下拉电阻、MOS开关、双向开关、门时延、实例数组、隐式线网等。

例如：如图1所示的2-4译码器电路的门级描述如下：

module decoder(A , B , Enable , Y);//带有端口A , B , Enable , Y的模块,模块名为decoder

input A ,B, Enable; //输入为A , B , Enable

output [3:0] Y ; //输出为Y,有4位Y[3], Y[2], Y[1], Y[0]

wire AW, BW;//定义两个线网型变量AW, BW

not(AW , A); //非门输入A,输出AW

not(BW, B);//非门输入B,输出BW

nand(Y[3], Enable, A,B);//与非门输入Enable, A,B,输出Y[3]

nand(Y[0], Enable, AW,BW);//与非门输入Enable, AW,BW,输出Y[0]

nand(Y[1], Enable, AW,B);//与非门输入Enable, AW,B,输出Y[1]

nand(Y[2], Enable, A,BW);//与非门输入Enable, A,BW,输出Y[2]

Endmodule //模块结束

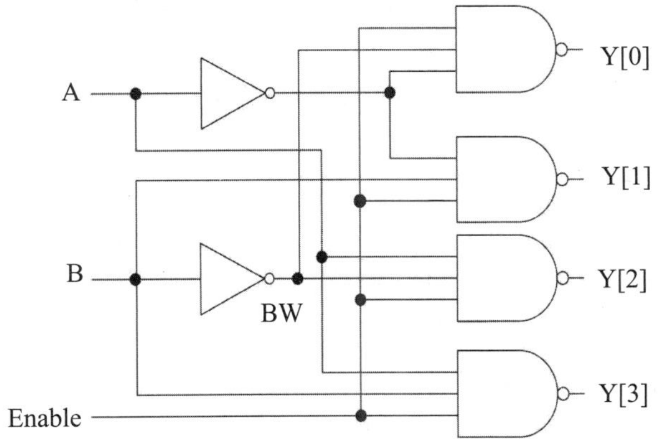

图1　2-4译码器电路

6. 数据流模型化

Verilog HDL语言中连续赋值用于数据流行为建模；相反，过程赋值用于顺序行为建模。组合逻辑电路的行为最好使用连续赋值语句建模。

连续赋值语句将值赋给线网型变量（连续赋值不能为寄存器型变量赋值），它的格式如下（简单形式）：

assign LHS_target = RHS_expressio；n

连续赋值的目标类型如下：

（1）标量线网；

（2）向量线网；

（3）向量的常数型位选择；

（4）向量的常数型部分选择；

（5）上述类型任意的拼接运算结果。

若1位全加器的逻辑表达式为：$Sum = A \oplus B \oplus Cin$，$Cout = A \cdot Cin + B \cdot Cin + A \cdot B$

采用数据流方式描述1位全加器如下：

```
module F A _ D f(A, B, Cin, Sum, Cout );
input A, B, Cin;
output Sum, Cout ;
assign S u m = A ^B ^Cin;
assign C o u t =(A & Cin)|(B & Cin)|(A & B);
endmodule
```

在本例中，有两个连续赋值语句。这些赋值语句是并发的，与其书写的顺序无关。只要连续赋值语句右端表达式（RHS_expression）中操作数的值变化（即有事件发生），连续赋值语句即被执行。如果A变化，则两个连续赋值都被计算，即同时对右端表达式求值，并将结果赋给左端目标。

7. 行为建模

（1）行为建模的主要语句有：initial语句和always语句。一个模块中可以包含任意多个initial语句或always语句。这些语句并行执行，即这些语句的执行顺序与其在模块中的顺序无关。一个initial语句或always语句的执行产生一个单独的控制流，所有的initial语句和always语句在0时刻开始并行执行。

（2）时序控制与过程语句关联。有2种时序控制形式，即时延控制和事件控制。

（3）语句块提供将两条或更多条语句组合成语法结构上相当于一条语句的机制。在Verilog HDL中有两类语句块：顺序语句块（begin … end）——语句块中的语句按给定次序顺序执行；并行语句块（fork … join）——语句块中的语句并行执行。

（4）过程性赋值是在initial语句或always语句内的赋值，它只能对寄存器数据类型的变量赋值。表达式的右端可以是任何表达式。

（5）if语句

if语句的语法如下:

```
if(condition_1)
procedural_statement_1
{else if(condition_2)
```

procedural_statement_2}

{else

procedural_statement_3}

如果对condition_1求值的结果为一个非零值，那么procedural_statement_1被执行；如果condition_1的值为0、x或z，那么procedural_statement_1不执行。如果存在一个else分支，那么这个分支被执行。

（6）Verilog HDL中有四类循环语句，它们是forever循环、repeat循环、while循环 、for循环。

（7）case语句

case语句是一个多路条件分支形式,其语法如下:

case(case_expr)

case_item_expr{,case_item_expr}:procedural_statement

…

…

[default:procedural_statement]

endcase

case语句首先对条件表达式case_expr求值，然后依次对各分支项求值并进行比较，第一个与条件表达式值相匹配的分支中的语句被执行。可以在一个分支中定义多个分支项，这些值不需要互斥。缺省分支覆盖所有没有被分支表达式覆盖的其他分支。

（8）过程性连续赋值是过程性赋值的一类，即它不能够在always语句或initial语句中出现。这种赋值语句能够替换其他所有对线网或寄存器的赋值。它允许赋值中的表达式被连续驱动到寄存器或线网当中。注意：这不是一个连续赋值，连续赋值发生在initial语句或always语句之外。

过程性连续赋值语句有两种类型，赋值和重新赋值过程语句：它们对寄存器进行赋值；强制和释放过程性赋值语句：虽然它们也可以用于对寄存器赋值，但主要用于对线网赋值。赋值和强制语句在如下意义上是“连续”的：即当赋值或强制发生效用时，右端表达式中操作数的任何变化都会引起赋值语句重新执行。过程性连续赋值的目标不能是寄存器部分选择或位选择。

8. Verilog HDL的测试验证程序

Verilog HDL提供强有力的结构来说明测试验证程序。

（1）编写测试验证程序

测试验证程序有三个主要目的：

①产生模拟激励（波形）；

②将输入激励加入测试模块并收集其输出响应；

③将响应输出与期望值进行比较。

（2）波形产生

有两种产生激励值的主要方法：

①产生波形，并在确定的离散时间间隔加载激励；

②根据模块状态产生激励，即根据模块的输出响应产生激励。

通常需要两类波形：一类是具有重复模式的波形，例如时钟波形；另一类是一组指定的值确定的波形。

（3）可以向文本文件中写入向量也可以从文本文件中读取向量。

四、 Verilog HDL 语言示例

1. 用 Verilog HDL 语言提供的三种不同建模方式，即数据流方式、行为方式和结构方式，设计电路，实现一位全加器。

例 1 数据流方式

数据流描述方式，又可称为寄存器传输级描述，主要从数据的变换和传送角度来描述设计模块，使用的语句多为和硬件行为一致的并行语句。在数据流描述方式中，还必须借助于 Vevilog HDL 语言提供的一些运算符，如按位逻辑运算符：逻辑与（&），逻辑或（|）等。程序如下：

```
`timescale 1ns/100ps
module fa_flow(a,b,cin,sum,count)
input a,b,cin;
output sum, count;
wire s1,t1,t2,t3;
assign # 2 s1 = a ^ b;
assign # 2 sum = s1 ^ cin;
assign #2 t3 = a & b;
assign #2 t1 = a & cin;
assign #2 t2 = b & cin ;
endmodule
```

注意：在各 assign 语句之间，是并行执行的，即各语句的执行与语句之间的顺序无关。如上，当 a 有发生变化时，s1、t3、t1 将同时变化，s1 的变化又会引起 sum 的变化。

例 2 行为方式

行为级描述的抽象级别最高、概括能力也最强。程序如下：

```
module fa_act(sum, count, a, b, cin );
    input a, b, cin;
    output sum, count;
    assign {count, sum} = a + b + cin;//
    endmodule
```

例 3 结构方式

结构化的建模方式就是通过对电路结构的描述来建模，即通过对器件的调用（Verilog HDL 概念称为例化），并使用线网来连接各器件的描述方式，也是最接近实际硬件的描述方式。这里的器件包括 Verilog HDL 的内置门，如与门 and、异或门 xor

等，也可以是用户的一个设计。结构化的描述方式反映了一个设计的层次结构。代码如下：

```
module fa_struct(a, b, cin, sum, count);
input a;
input b;
input cin;
output sum;
output count;
wire s1, t1, t2, t3;
xor x1(s1, a, b);
xor x2(sum, s1, cin);
and a1(t3, a, b );
and a2(t2, b, cin);
and a3(t1, a, cin);
or o1(cout, t1, t2, t3 );
endmodule
```

该实例显示了一个全加器由两个异或门、三个与门、一个或门构成。s1、t1、t2、t3则是门与门之间的连线。代码显示了用纯结构的建模方式，其中xor 、and、or 是Verilog HDL 内置的门器件。以 xor x1（s1， a， b）该例化语句为例：xor 表明调用一个内置的异或门，器件名称xor，代码实例化名x1（类似原理图输入方式）。括号内的s1、a、b 表明该器件管脚的实际连接线（信号）的名称，其中 a、b是输入，s1是输出。

2. 使用时钟同步状态机的设计方法，实现11001序列发生器。

例4　要构建序列发生器，最终应该得到如图2所示的元件。

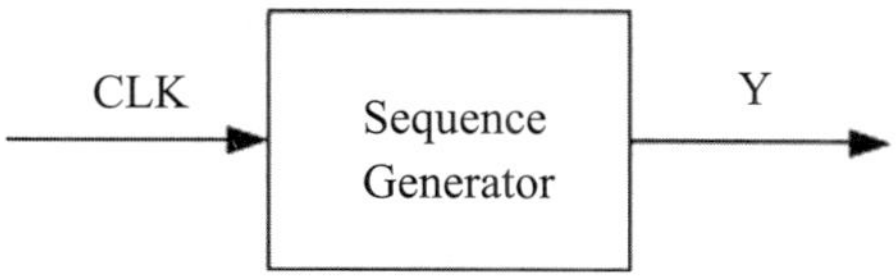

图2　逻辑符号

这个元件的输入是时钟CLK，并没有其他输入。输出是Y，在时钟的作用下，均匀的输出11001，并且每一位的时间长度应等于时钟周期或时钟周期的整数倍。如图3所示，在A态输出1，B态输出1，C态输出0，D态输出0，E态输出1。当时钟边沿到来时，执行状态转换，如图3所示。使用二进制的顺序对4个状态进行编码，从000到100共5个状态。

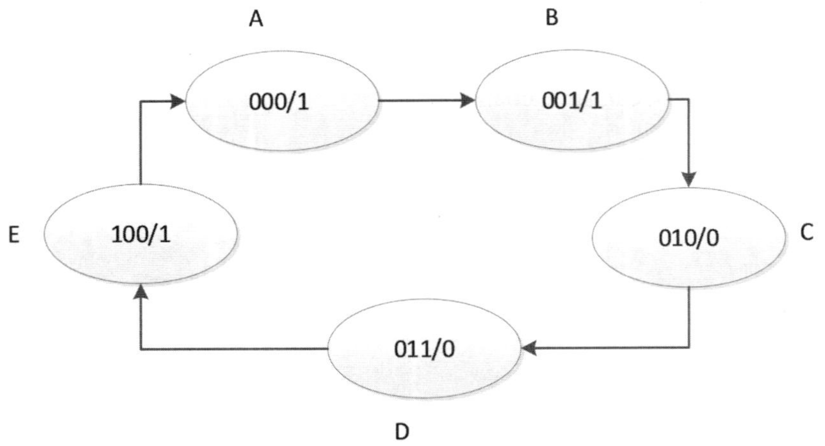

图3　11001序列发生器状态图

由状态图得到转移方程以及输出方程：

$Q_0^*=Q_1Q_2$

$Q_1^*=Q_1'Q_2+Q_1Q_2'$

$Q_2^*=Q_0'Q_2'$

$Z= Q_1'$

完整程序代码如下：

```
module seq_11001_1(
  input clk,
  output led
  );
reg[31:0] divclk_cnt = 0;  //为了降低频率,定义了初始值为0的32位的寄存器变量
divclk_cnt以及1位的寄存器变量divclk
  reg divclk=0;
reg q0=0;          //定义了1位的寄存器变量q0、q1、q2作为时钟同步状态机的状
                     态寄存器,初始值为q0q1q2=000
  reg q1=0;
  reg q2=0;
  always@(posedge clk)// always@(posedge clk)表示当clk的时钟正边沿到来的时
                         候执行always块内的操作,因此always@(posedge clk)的
                         begin和end之间的代码,执行的频率就是50 MHz,每
                         0.02 μs(20 ns)执行一次
  begin
    if(divclk_cnt==250000000)// divclk是clk的50M分频,即频率为1 Hz,周期为
                               1 s,输出信号每秒钟变化一次
    begin
```

```
        divclk =~ divclk;
        divclk_cnt = 0;
    end
    else
    begin
        divclk_cnt = divclk_cnt+1'b1;
    end
assign led=~q1;  //输出方程为Z= q1',对wire型变量的赋值使用assign语句,因此
                   assign led=~q1

 always@(posedge divclk)//代码每秒钟触发一次,当时钟divclk到来时,触发器
                         q0、q1、q2在时钟上升沿同时接收激励,完成状态
                         的变化,没有先后的顺序,因此一定采用非阻塞赋值。
                         always@(posedge divclk)块后的begin和end之间的代
                         码就实现了状态的转移,和转移方程一致。
 begin
    q0<=q1&q2;
    q1<=~q1&q2|q1&~q2;
    q2<=~q0&~q2;
 end
endmodule
```

参 考 文 献

[1] 陈瑜. 电子技术应用实验教程（综合设计篇）[M]. 成都：电子科技大学出版社，2016.
[2] 曾洁，李庆嵘. 电子技术应用实验教程实验报告（综合篇）[M]. 成都：电子科技大学出版社，2013.
[3] 李雷. 集成电路应用实验[M]. 北京：国防工业出版社，2004.
[4] 夏余闻. Verilog 数字系统设计教程[M]. 2 版. 北京：北京航空航天大学出版社，2008.
[5] 肖景和. 555 集成电路应用精粹[M]. 北京：人民邮电出版社，2007.
[6] 林占江. 电子测量实验教程[M]. 北京：电子工业出版社，2010.
[7] 毕满清. 电子技术实验与课程设计[M]. 3 版. 北京：机械工业出版社，2005.
[8] 童诗白，华成英. 模拟电子技术基础[M]. 3 版. 北京：高等教育出版社，2001.
[9] 闫石，清华大学电子学教研组. 数字电子技术基础[M]. 4 版. 北京：高等教育出版社，2003.
[10] 邹其洪. 电工电子实验与计算机仿真[M]. 北京：电子工业出版社，2004.
[11] 康华光，华中理工大学电子学教研室. 电子技术基础（模拟部分第四版）[M]. 北京：高等教育出版社，1996.
[12] 卢有亮. Xilinx FPGA 原理与实践——基于 Vivado 和 Verilog HDL[M]. 北京：机械工业出版社，2018.
[13] 电子科大电子技术应用实验室. 电子技术应用实验教程[M]. 成都：电子科技大学出版社，2006.
[14] 古天祥. 电子测量原理[M]. 北京：机械工业出版社，2006.
[15] 廖长英. 低频模拟电路[M]. 成都：电子科技大学出版社，1994.
[16] 陈有卿. 555 时基电路原理、设计与应用[M]. 北京：电子工业出版社，2007.
[17] 陈英. 电子技术应用实验教程（基础篇）[M]. 成都：电子科技大学出版社，2015.